Problemas resueltos de física universitaria

Problemas resueltos de física universitaria

Para primer curso de los grados en ciencias e ingeniería

(2ª edición)

Antonio Pérez Garrido

Problemas resueltos de física universitaria

Segunda edición: 2024

ISBN: 9798334485464

© Antonio Pérez Garrido

Quedan prohibidos, dentro de los límites establecidos en la ley y bajo los apercibimientos legalmente previstos, la reproducción total o parcial de esta obra por cualquier medio o procedimiento, ya sea electrónico o mecánico, el tratamiento informático, el alquiler o cualquier otra forma de cesión de la obra sin la autorización previa y por escrito del titular del copyright.

Prefacio

Este libro de problemas ha sido concebido como un complemento para el estudio independiente de las asignaturas de Física en el primer año de los grados en ciencias e ingeniería. En esta edición del libro se han añadido más de una decena de problemas y se han subsanado algunas erratas. Además, se han añadido un par de tablas al comienzo del libro que pueden ser útiles al estudiante de la asignatura. Su estructura de capítulos refleja fielmente la del libro de teoría titulado 'Física para los Grados de Sistemas de Telecomunicaciones e Ingeniería Telemática', escrito por el mismo autor y publicado por la editorial Aula Magna. Está dividido en dos partes bien diferenciadas. La primera, que presenta solo los enunciados de los problemas, está pensada especialmente para aquellos estudiantes que deseen poner a prueba sus habilidades y abordar los desafíos por sí mismos, sin contar con ninguna pista o indicio que les revele la solución. En cada uno de los enunciados aparece el número de página donde se encuentra el problema resuelto. Esta sección brinda una gran oportunidad para desarrollar el pensamiento crítico y fomentar la creatividad en la resolución de los problemas planteados. La segunda parte de este libro abarca tanto los enunciados como las soluciones de los problemas planteados, ofreciendo a los estudiantes la posibilidad de verificar la validez de sus propios resultados, además de ser útil para aquellos que desean abordar el estudio de los métodos de resolución de manera más directa. En esta parte, se ofrece una guía detallada y exhaustiva que desglosa paso a paso el enfoque necesario para enfrentar cada problema y llegar a una solución precisa.

Con un enfoque claro en el autoaprendizaje, este libro de problemas se erige como una herramienta de gran valor para los que deseen profundizar en el dominio de la Física y adquirir una sólida base. Su contenido riguroso y su estrecha vinculación con el libro de teoría complementario aseguran un estudio coherente y enriquecedor, respaldado por la experiencia y conocimientos del autor. Así, se establece un puente sólido entre la teoría y la práctica, proporcionando a los estudiantes una valiosa oportunidad de desarrollo académico y personal.

Índice general

Unidades	1
Constantes físicas	3
I Enunciados de los problemas	5
0. Cálculo vectorial	7
1. Cinemática y dinámica de la partícula	11
2. Trabajo y energía	17
3. Sistemas de partículas	21
4. Movimiento plano del sólido rígido	27
5. Movimiento ondulatorio, ondas sonoras	31
6. Campo electrostático	35
7. Conductores y dieléctricos	39
8. Campo magnético	45

9. Inducción magnética   49

10. Magnetismo en la materia   53

II   Problemas resueltos   57

0. Cálculo vectorial   59

1. Cinemática y dinámica de la partícula   71

2. Trabajo y energía   89

3. Sistemas de partículas   103

4. Movimiento plano del sólido rígido   121

5. Movimiento ondulatorio, ondas sonoras   141

6. Campo electrostático   151

7. Conductores y dieléctricos   167

8. Campo magnético   189

9. Inducción magnética   205

10. Magnetismo en la materia   219

Unidades

Los dos sistemas de unidades más empleados en la actualidad son el Sistema Internacional y el sistema CGS. El Sistema Internacional de Unidades (SI) tiene sus raíces en la Convención del Metro, firmada en 1875. El objetivo inicial era establecer estándares para la longitud y el tiempo, y desde entonces, el sistema ha evolucionado para incluir unidades en diversas áreas de la ciencia. El Bureau International des Poids et Mesures (BIPM) en Francia mantiene y promueve el SI. A lo largo del tiempo, el SI ha incorporado constantes físicas fundamentales, como la velocidad de la luz y la carga elemental, como base para sus definiciones. El SI es el sistema de unidades más utilizado en todo el mundo, abarcando campos desde la física y la ingeniería hasta la medicina y la economía. Es el estándar para la mayoría de las publicaciones científicas y técnicas. Países de todo el mundo adoptan el SI para facilitar la comunicación en la comunidad científica y en las transacciones comerciales internacionales. En este libro nos ceñiremos al uso de este sistema. El sistema CGS se originó a mediados del siglo XIX y fue desarrollado para abordar las limitaciones y complejidades del sistema MKS (Metro-Kilogramo-Segundo). En este sistema, las unidades básicas son el centímetro para la longitud, el gramo para la masa y el segundo para el tiempo, de ahí su nombre. A pesar de su origen histórico, el sistema CGS sigue siendo relevante y se ha adaptado a medida que se han desarrollado nuevas teorías y se han descubierto nuevas constantes físicas. Aunque el sistema CGS es menos común en comparación con el SI, todavía se utiliza en campos específicos. En física teórica, astronomía y algunos campos de la ingeniería eléctrica, el sistema CGS es preferido debido a su simplicidad y a menudo se adapta mejor a ciertos problemas matemáticos y experimentos específicos.

Tabla 1.

Magnitud Física	Unidad y símbolo SI	Unidad y símbolo CGS
Longitud	metro (m)	centímetro (cm)
Masa	kilogramo (kg)	gramo (g)
Tiempo	segundo (s)	segundo (s)
Fuerza	newton (N)	dyne (dyn)
Energía	joule (J)	erg (erg)
Potencia	watt (W)	erg por segundo (erg/s)
Presión	pascal (Pa)	barye (Ba)
Temperatura	kelvin (K)	kelvin (K)
Carga Eléctrica	coulomb (C)	electrostático (esu)
Potencial Eléctrico	volt (V)	statvolt (statV)
Campo Eléctrico	volt por metro (V/m)	statvolt por cm (statV/cm)
Campo Magnético	tesla (T)	gauss (G)
Flujo Magnético	weber (Wb)	maxwell (Mx)
Resistencia Eléctrica	ohm (Ω)	abohm (abΩ)
Capacitancia	faraday (F)	statfaraday (statF)
Inductancia	henry (H)	abhenrio (abH)
Frecuencia	hertz (Hz)	hertz (Hz)

Constantes físicas

Las constantes fundamentales de la física son parámetros invariables que definen y caracterizan las leyes fundamentales que gobiernan el universo. Estas constantes son intrínsecas a las teorías físicas y proporcionan la base para la descripción matemática de fenómenos naturales. En la tabla 2 podemos ver algunas de las constantes más relevantes.

Tabla 2.

Constante	Valor en SI	Valor en CGS
Velocidad de la Luz (c)	$3{,}00 \times 10^8$ m/s	$3{,}00 \times 10^{10}$ cm/s
Constante de Planck (h)	$6{,}63 \times 10^{-34}$ J·s	$6{,}63 \times 10^{-27}$ erg·s
Carga Elemental (e)	$1{,}60 \times 10^{-19}$ C	$4{,}80 \times 10^{-10}$ esu
Constante de Boltzmann (k)	$1{,}38 \times 10^{-23}$ J/K	$1{,}38 \times 10^{-16}$ erg/K
Número de Avogadro (N_A)	$6{,}02 \times 10^{23}$ mol^{-1}	$6{,}02 \times 10^{23}$ mol^{-1}
Masa del Electrón (m_e)	$9{,}11 \times 10^{-31}$ kg	$9{,}11 \times 10^{-28}$ g
Masa del Protón (m_p)	$1{,}67 \times 10^{-27}$ kg	$1{,}67 \times 10^{-24}$ g
Constante Gravitacional (G)	$6{,}67 \times 10^{-11}$ N·m^2/kg^2	$6{,}67 \times 10^{-8}$ dyn·cm^2/g^2
Constante de Permitividad del Vacío (ε_0)	$8{,}85 \times 10^{-12}$ C^2/N·m^2	$8{,}85 \times 10^{-14}$ esu^2/dyn·cm^2
Permeabilidad Magnética del Vacío (μ_0)	$4\pi \times 10^{-7}$ T·m/A	$1{,}26 \times 10^{-3}$ gauss·cm/A
Carga del Electrón (q_e)	$-1{,}60 \times 10^{-19}$ C	$-4{,}80 \times 10^{-10}$ esu
Constante de Coulomb ($k_e = \frac{1}{4\pi\varepsilon_0}$)	$8{,}99 \times 10^9$ N·m^2/C^2	$8{,}99 \times 10^9$ dyn·cm^2/esu^2

Parte I
Enunciados de los problemas

Tema 0

Cálculo vectorial

Problema 0.1

Considera dos puntos en el espacio, $A = (1, 2, 3)$ y $B = (4, 5, 6)$. Se desea encontrar el vector $\overrightarrow{AB}$ que va de A a B, calcular su magnitud y luego determinar un vector unitario en la dirección de $\overrightarrow{AB}$.

(Pag. 59)

Problema 0.2

Calcule un vector unitario con la misma dirección y sentido que el vector $\vec{v} = 2\vec{\imath} + 5\vec{\jmath} + \vec{k}$.

(Pag. 60)

Problema 0.3

Para los vectores $\vec{a} = 3\vec{\imath} + 6\vec{k}$, $\vec{b} = 10\vec{\jmath} + \vec{k}$ y $\vec{c} = \vec{\imath} + \vec{\jmath} + 2\vec{k}$ calcule las siguientes operaciones: $\vec{a} \cdot \vec{b}$, $(\vec{a} - \vec{b}) \cdot \vec{c}$ y $\vec{a} \times \vec{b}$.

(Pag. 60)

Problema 0.4

Si $\vec{a} = \vec{i} + 3\vec{j}$, $\vec{a} \times \vec{b} = 0$ y $\vec{a} \cdot \vec{b} = 20$ calcule el valor del vector $\vec{b}$.

(Pag. 61)

Problema 0.5

Consideremos una función de temperatura en un punto (x, y, z) en el espacio dada por $T(x, y, z) = 4x^2 - 2y^2 + 3z^2$ en grados Celsius. Calcula el gradiente de la temperatura en el punto $P = (1, -1, 2)$.

(Pag. 62)

Problema 0.6

Considera un campo vectorial que describe el flujo de un fluido incompresible en el espacio tridimensional, dado por $\vec{F}(x, y, z) = (y\vec{i} - x\vec{j} + z\vec{k})$. Calcula la divergencia de $\vec{F}$ y demuestra que es cero, lo cual es consistente con la propiedad de incompresibilidad del fluido.

(Pag. 63)

Problema 0.7

Dado el campo vectorial $\vec{F} = x^2\vec{i} + y^2\vec{j} + z^2\vec{k}$ en el espacio tridimensional, calcula el rotacional de $\vec{F}$.

(Pag. 63)

Problema 0.8

Obtenga el valor del campo resultante de la operación $\vec{g}(\vec{r}) \cdot \vec{\nabla} \times \vec{h}(\vec{r})$, siendo $\vec{g}(\vec{r}) = x\vec{i} + z\vec{j}$ y $\vec{h}(\vec{r}) = 8x^2\vec{i} + (y+1)\vec{j} + x\vec{k}$.

(Pag. 65)

Problema 0.9

Para el campo vectorial $\vec{M} = 3x^2\vec{i} + z\vec{j} + (z^2 - 2)\vec{k}$ calcule su divergencia, el gradiente de su divergencia y el rotacional del gradiente de su divergencia.

(Pag. 65)

Problema 0.10

Determine el laplaciano del campo vectorial $\vec{m} = 5xz\,\vec{i} + 6y^3\,\vec{j} + 3xz^2\,\vec{k}$.

(Pag. 66)

Problema 0.11

Calcule la circulación del campo vectorial $\vec{v} = x^4\,\vec{i} + 7\,\vec{j} + (z^2 - 1)\,\vec{k}$ sobre la curva $\mathbb{C}$ dada por:

$$\vec{r}(t) = \cos(t)\,\vec{i} + \operatorname{sen}(t)\,\vec{k}, \tag{1}$$

entre los puntos dados por los parámetros inicial $t_0 = 0$ y final $t_f = \pi$.

(Pag. 67)

Problema 0.12

Para el campo escalar $\rho = 3x^3 + 2zy^2$ calcule su gradiente $\vec{\nabla}\rho$, y después la divergencia de ese gradiente: $\vec{\nabla} \cdot \vec{\nabla}\rho$. Por último calcule el laplaciano $\nabla^2\rho$ y compare los resultados, ¿son iguales?

(Pag. 68)

Problema 0.13

El campo magnético $\vec{B}$ tiene divergencia cero siempre: $\vec{\nabla} \cdot \vec{B} = 0$, que es la ley de Gauss del campo magnético. ¿Es posible la existencia de un campo magnético dado por la expresión $\vec{B} = 5z\,\vec{i} + 3\,\vec{j} + 8z^3\,\vec{k}$?

(Pag. 68)

Problema 0.14

En una región hay un campo vectorial $\vec{B} = 5\,\vec{i} + 12\,\vec{j}$. ¿Cuál es el valor de flujo de $\vec{B}$ que atraviesa una superficie plana caracterizada por un vector

$\vec{S} = \vec{\imath} + 2\vec{k}$?

(Pag. 69)

Problema 0.15

Calcule el flujo de un campo vectorial, $\vec{v}$, dado $\vec{v} = 5\vec{\imath}$ que atraviesa una superficie cúbica de aristas paralelas a los ejes de un sistema de referencia y cuyo centro está situado en el origen de ese sistema de referencia. El tamaño de las aristas es a.

(Pag. 69)

Problema 0.16

Demuestre que el rotacional de un gradiente es siempre cero, $\vec{\nabla} \times \vec{\nabla} f$, para cualquier campo escalar f.

(Pag. 70)

Tema 1

Cinemática y dinámica de la partícula

Problema 1.1

Una partícula sigue una trayectoria dada por la ecuación vectorial $\vec{r}(t) = t^2\vec{\imath} + (t+2)\vec{\jmath} + 4\vec{k}$, donde t es el tiempo. Calcule la velocidad, aceleración, componentes intrínsecas de la aceleración y el triedro móvil como una función del tiempo.

(Pag. 71)

Problema 1.2

Una partícula sigue una trayectoria, $r(t)$, dada por la ecuación vectorial

$$r(t) = 5t\vec{\imath} + 6\cos(10t)\vec{\jmath} + 6\operatorname{sen}(10t)\vec{k}. \tag{1.1}$$

Calcule al aceleración en cualquier instante y diga qué tipo de aceleración es.

(Pag. 73)

Problema 1.3

Colocamos una partícula de 20 gramos en el origen de un sistema de referencia y le imprimimos una velocidad inicial de 2 m/s según el eje y. Si esa partícula está sujeta a un campo de fuerzas, $\vec{F}$, dado por la expresión:

$$\vec{F} = 5(t-1)\vec{i} + 7\vec{j} \quad (N), \tag{1.2}$$

calcule su vector de posición como una función del tiempo.

(Pag. 74)

Problema 1.4

Calcule el vector velocidad angular $\vec{\omega}$ de una partícula que describe un movimiento circular en el plano xz dando 5 vueltas por minuto.

(Pag. 75)

Problema 1.5

Hacemos girar, partiendo del reposo, un objeto de 3 kg de masa en círculos de 2 m de radio. Si la aceleración angular que le imprimimos es de 0,7 rad/s, ¿cuál es la aceleración centrípeta del objeto en cualquier instante?

(Pag. 75)

Problema 1.6

Calcule la fuerza centrífuga que experimenta un objeto de masa m en la superficie de la tierra en función de su latitud.

(Pag. 76)

Problema 1.7

Obtenga la aceleración máxima de un tren para que no deslice un objeto situado en el suelo de uno de sus vagones en función del coeficiente de rozamiento estático, μ_e, entre el objeto y el suelo del vagón. Hágalo desde el punto de un observador en un sistema de referencia inercial y un observador en uno no inercial.

(Pag. 77)

Problema 1.8

Tenemos una cuerda que es capaz de resistir una tensión máxima $T_{\text{máx}} = 50$

N. Si hacemos girar con un radio de 70 cm un objeto de masa $m=3$ kg atado a esa cuerda. ¿Cuál es el número máximo de vueltas por minuto a la que lo podemos hacer girar para que la cuerda no se rompa?

(Pag. 78)

Problema 1.9

Obtenga el ángulo máximo de un plano inclinado para que no deslice un objeto situado sobre él si el coeficiente de rozamiento estático entre el objeto y el plano es μ_e.

(Pag. 79)

Problema 1.10

Lanzamos un objeto verticalmente hacia arriba desde el suelo con una velocidad inicial $v_0 = 20$ m/s. Queremos encontrar la altura máxima, h_{max}, que alcanza el objeto y el tiempo, t_{max}, que tarda en llegar a esa altura máxima, considerando la aceleración debida a la gravedad, g, como una constante negativa, $g = -9,8 \text{ m/s}^2$.

(Pag. 80)

Problema 1.11

Dejamos caer un objeto, partiendo del reposo, desde una altura h por un plano inclinado un ángulo θ. Deduzca una expresión que nos permita obtener el tiempo que necesita ese objeto para llegar al final del plano inclinado en función del coeficiente de rozamiento cinético μ_c, la altura h y el ángulo θ de inclinación del plano.

(Pag. 80)

Problema 1.12

Un astronauta de 70 kg de masa está en una estación espacial orbitando a una distancia al centro de la Tierra unas 5 veces el radio terrestre. ¿Con qué fuerza lo atrae la Tierra? ¿Cuál es su peso aparente?

(Pag. 82)

Problema 1.13

Una nave espacial tiene una forma cilíndrica con un largo de $l=30$ m. ¿Cómo podríamos conseguir que en sus extremos haya un *campo gravitatorio* similar al de la superficie terrestre?

(Pag. 83)

Problema 1.14

Calcule la velocidad con la que se mueve la lenteja de un péndulo simple en función del ángulo con la vertical y diga cuánto vale su valor máximo.

(Pag. 83)

Problema 1.15

Tenemos un bloque de masa m que se desliza sobre una superficie horizontal sin fricción. El bloque está unido a una cuerda que pasa por una polea de masa despreciable. Al otro extremo de la cuerda hay otro bloque de masa M colgando verticalmente. Determine la aceleración de los bloques y la tensión en la cuerda, asumiendo que no hay fricción en la polea ni en la superficie horizontal. Haga los cálculos suponiendo que la masa del bloque sobre la superficie horizontal, m, es de 5 kg y que la masa del bloque colgando, M, es de 10 kg.

(Pag. 85)

Problema 1.16

Aplicamos una fuerza F en horizontal a un objeto de masa $m_1 = 50$ kg que está sobre una superficie sin rozamiento. Sobre este objeto situamos otro de masa $m_2 = 3$ kg. Calcule el coeficiente de rozamiento entre m_1 y m_2 si sabemos que m_2 empieza a deslizar cuando la fuerza alcanza los 300 N.

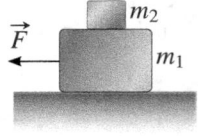

(Pag. 86)

Problema 1.17

Sobre un objeto de 3 kg de masa vamos a aplicar una fuerza de 40 N para desplazarlo sobre una superficie horizontal. Si entre el objeto y esa superficie hay rozamiento con un coeficiente de rozamiento cinético $\mu_c = 0{,}7$, calcule el ángulo que debe formar esa fuerza con la horizontal para que la aceleración con que se mueve el objeto tenga el máximo valor posible.

(Pag. 86)

Problema 1.18

Encima de una plataforma giratoria colocamos un objeto a 39 cm del eje de giro. Si entre el objeto y la plataforma hay un coeficiente de rozamiento estático $\mu_e = 0{,}6$ calcule las vueltas por minuto máximas que puede dar la plataforma para que el objeto gire de forma solidaria con ella. Analice el problema desde el punto de vista de un sistema de referencia inercial y de uno no inercial.

(Pag. 87)

Tema 2

Trabajo y energía

Problema 2.1

Calcule el trabajo realizado por la fuerza $\vec{F} = 3y\vec{i} + x^2\vec{j} + z\vec{k}$ sobre una partícula que se mueve a lo largo del eje x desde el punto (0,0,0) hasta el punto (10 m,0,0). Hágalo también para cuando la partícula se mueve en línea recta desde (0,0,0) a (5 m,5 m,5 m) y después, también en línea recta, hasta (10 m,0,0). ¿Es una fuerza conservativa?

(Pag. 89)

Problema 2.2

Colocamos un objeto de 0,5 kg en la parte inferior de un plano inclinado 30° y le imprimimos una velocidad tangencial al plano de 3 m/s de manera que el objeto comienza a subir por el plano. El coeficiente de rozamiento cinético entre al plano y el objeto es igual a 0,4. Calcule hasta qué altura llegara.

(Pag. 92)

Problema 2.3

Sabemos que un campo de fuerzas viene dado por la siguiente expresión:

$$\vec{F} = y\vec{i} + f(x,y,z)\vec{j} + z\vec{k}, \qquad (2.1)$$

donde $f(x,y,z)$ es una función desconocida. ¿Cómo tiene que ser $f(x,y,z)$

para que la fuerza sea conservativa?

(Pag. 93)

Problema 2.4

La fuerza $\vec{F} = x\vec{\imath} + y\vec{\jmath} + z\vec{k}$ es conservativa. Demuéstrelo de dos formas diferentes.

(Pag. 93)

Problema 2.5

Lanzamos hacia arriba un objeto con una velocidad vertical inicial v_i y desde una altura h. ¿Qué velocidad llevará ese objeto cuando llegue al suelo?

(Pag. 94)

Problema 2.6

Un bloque de masa $m = 5\,\text{kg}$ se coloca en un plano horizontal sin fricción y está conectado a un muelle con una constante de fuerza $k = 200\,\text{N/m}$. El muelle se comprime 0,5 m desde su posición de equilibrio y luego se suelta, haciendo que el bloque se mueva. Calcula la velocidad del bloque en el momento en que el muelle regresa a su longitud de equilibrio.

(Pag. 95)

Problema 2.7

Calcule la velocidad de la lenteja del péndulo simple en función del ángulo con la vertical, calcule el valor máximo de esta velocidad y compare con el resultado del problema 1.14.

(Pag. 96)

Problema 2.8

Dotamos a un objeto de masa m, que está situado encima de un plano horizontal, de una velocidad inicial v_i. Si el coeficiente de rozamiento cinético entre el objeto y el plano es μ_c calcule la distancia que recorre por el plano antes de detenerse.

(Pag. 97)

Problema 2.9

La cuerda de un columpio del parque tiene una longitud de 2,5 m. ¿Qué velocidad horizontal tendríamos que darle inicialmente para que diera una vuelta completa alrededor del travesaño que lo sujeta?

(Pag. 97)

Problema 2.10

Dejamos caer, partiendo del reposo, un objeto de masa m desde una altura h en un plano inclinado un ángulo θ. Si el rozamiento cinético entre el objeto y el plano tiene un coeficiente μ_c calcule a qué velocidad llegará al final del plano inclinado.

(Pag. 98)

Problema 2.11

Un sistema de fuerzas tiene una energía potencial dada por:

$$U = 5zx^3 + 3y. \tag{2.2}$$

Obtenga el campo de fuerzas asociado a esta energía potencial.

(Pag. 99)

Problema 2.12

Sabiendo que la fuerza $\vec{F}$ con que el campo gravitatorio terrestre atrae a una partícula de masa m viene dada por la expresión:

$$\vec{F} = -G\frac{M_T m}{r^2}\vec{e}, \tag{2.3}$$

donde G es la constante de gravitación universal, M_T es la masa de la tierra, r es la distancia de la partícula al centro de la tierra y $\vec{e} = \vec{r}/r$ es un vector unitario con la misma dirección y sentido que el vector de posición de la partícula respecto del centro de la tierra. Esta fuerza es una fuerza central, luego es conservativa. Calcule la energía potencial asociada el campo gravitatorio terrestre.

(Pag. 100)

Problema 2.13

Se define la velocidad de escape, v_e, de un planeta como la velocidad que tendríamos imprimir a una partícula para que escapara del campo gravitatorio del planeta. Calcule la velocidad de escape en la superficie de la tierra.

(Pag. 101)

Problema 2.14

Un objeto de masa $m = 410$ g cae por un plano inclinado $\theta = 30°$, partiendo del reposo desde una altura $h = 2{,}3$ m. Calcule la aceleración con la que cae ese objeto cuando no hay rozamiento entre él y el plano inclinado. Deduzca la velocidad, v_f, al final del plano inclinado por balance de energías. Si hubiera rozamiento y la velocidad al final del plano inclinado fuera un 30 % menor, ¿qué coeficiente de rozamiento cinético μ_c podemos deducir que existe entre el objeto y el plano inclinado?

(Pag. 101)

Tema 3

Sistemas de partículas

Problema 3.1

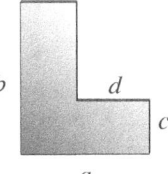

En la figura vemos una lámina que vamos a suponer homogénea, esto es, la densidad bidimensional de masa, σ, es constante. Calcule la posición del centro de masas en función de las dimensiones de los lados que se indican: a, b, c y d. Para ello, dibuje un sistema de referencia y dé las coordenadas en ese sistema escogido.

(Pag. 103)

Problema 3.2

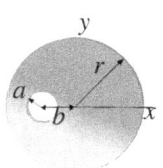

Obtenga la posición del centro de masas del disco de la figura, de radio r, sabiendo que la densidad de masa σ es constante en toda la lámina, es un disco homogéneo, en función del radio del disco r, del radio del hueco, a, y de la distancia del centro del hueco al centro del disco, b.

(Pag. 104)

Problema 3.3

Usando los teoremas de Pappus-Guldin encuentre el centro de masas del alambre homogéneo de la figura con densidad de masa unidimensional, λ, en función

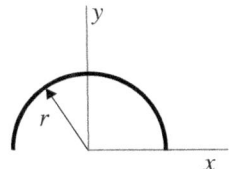

21

del radio r.

(Pag. 105)

Problema 3.4

Por medio del segundo teorema de Pappus-Guldin, encuentre el centro de masas de la lámina homogénea de densidad de masa, σ, de la figura, que podemos considerar como un semidisco de radio a al que le hemos recortado una semielipse de semiejes a y b. Deje el resultado en función de los radios a y b.

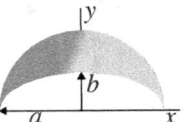

(Pag. 106)

Problema 3.5

Partiendo de que el momento de inercia de un cilindro macizo y homogéneo, de masa m y radio R, respecto de su eje es $I = 1/2mR^2$, calcule el momento de inercia de un cilindro hueco de masa m_h respecto de su eje cuyo radio exterior es R_1 y cuyo radio interior es R_2, sabiendo que es homogéneo. Compruebe que obtenemos la expresión $I = mR^2$ cuando $R_1 \approx R_2$.

(Pag. 107)

Problema 3.6

Calcule el momento de inercia de un cilindro macizo y homogéneo de masa M y radio R respecto de un eje paralelo al eje del cilindro y situado a una distancia l.

(Pag. 108)

Problema 3.7

El momento de inercia de una lámina cuadrada y homogénea de lado a y masa M respecto de un eje perpendicular a la lámina que pase por su centro es $I = \frac{1}{12}Ma^2$. A partir de lo anterior calcule el momento de inercia de una lámina cuadrada de lado $a = 289,4$ cm y masa $m = 157$ g respecto de un eje que coincide con uno de los lados de la lámina.

(Pag. 108)

Problema 3.8

Determine el momento de inercia de una esfera homogénea de masa M y radio R respecto de un eje que pase por su centro.

(Pag. 109)

Problema 3.9

Dos partículas de masas $m_1 = 3$ g y $m_2 = 8$ g moviéndose sobre el eje x con velocidades $v_1 = 3$ m/s y $v_2 = -5$ m/s colisionan elásticamente (se conserva la energía cinética) y, tras la colisión, siguen moviéndose en el mismo eje x. Determine cuál es la velocidad final de ambas partículas.

(Pag. 110)

Problema 3.10

Colocamos una granada sobre una superficie horizontal. Cuando la granada estalla se divide en dos fragmentos que se mueven sobre el plano horizontal con rozamiento de coeficiente $\mu_c = 0{,}8$. Un fragmento de masa $m_1 = 28$ g se detiene tras recorrer $s_1 = 133{,}5$ m. Si el segundo fragmento se detiene tras recorrer $s_2 = 21{,}3$ m ¿cuál es la masa m_2 del segundo fragmento? ¿Dónde se encuentra el centro de masa de la granada antes de la explosión y cuando ambos fragmentos se han detenido?

(Pag. 112)

Problema 3.11

Dos partículas de masas $m_1 = 32$ g y $m_2 = 15$ g, que se mueven en trayectorias horizontales, se acercan la una a la otra con velocidades $v_1 = 66{,}1$ m/s y $v_2 = 13{,}8$ m/s. Tras colisionar salen despedidas ambas partículas con velocidades que forman unos ángulos con la horizontal $\theta_1 = 35°$ y $\theta_2 = 73{,}1°$. ¿Qué velocidades v'_1 y v'_2 llevan las partículas tras la colisión?

(Pag. 113)

Problema 3.12

Un objeto, inicialmente en reposo, sufre una explosión interna que lo separa en dos objetos de masas $m_1 = 240$ g y $m_2 = 683$ g, que se mueven horizontalmente en direcciones opuestas (ver figura). El objeto de masa m_2 en su caída impacta con el suelo a una distancia $l = 3,8$ m del precipicio. Si el coeficiente de rozamiento cinético entre las partículas y la superficie es $\mu_c = 0,31$, $x = 52,7$ m y $h = 5,8$ m, calcule la distancia que recorrerá la partícula de masa m_2 antes de detenerse.

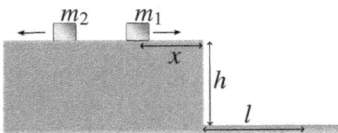

(Pag. 114)

Problema 3.13

Un objeto de masa $m_1 = 3$ kg cae desde 2 m de altura por un plano sin rozamiento inclinado 30°. Al llegar al final del plano impacta con otro objeto, que está en reposo, de masa $m_2 = 1$ kg. Si el primer objeto queda en reposo tras el choque, ¿a qué velocidad sale despedido el segundo objeto?

(Pag. 116)

Problema 3.14

Una persona está subida en el extremo de un barco, que está en reposo en el agua, y lanza por la borda un saco de 20 kg con una velocidad horizontal de 1,75 m/s. El barco y la persona tienen una masa conjunta de 130 kg y el coeficiente de rozamiento cinético entre el agua y el barco es de 0,1. ¿Qué distancia recorrerá el barco antes de detenerse?

(Pag. 116)

Problema 3.15

El péndulo balístico es un dispositivo para medir las velocidades de proyectiles. Consiste en un bloque de plomo suspendido del techo por unos hilos resistentes, pero de masa despreciable. Si sobre este péndulo impacta un proyectil, que queda adherido al bloque y se elevan juntos una altura h, calcule la velocidad v con que llega el proyectil. Calcule también la energía perdida en el proceso.

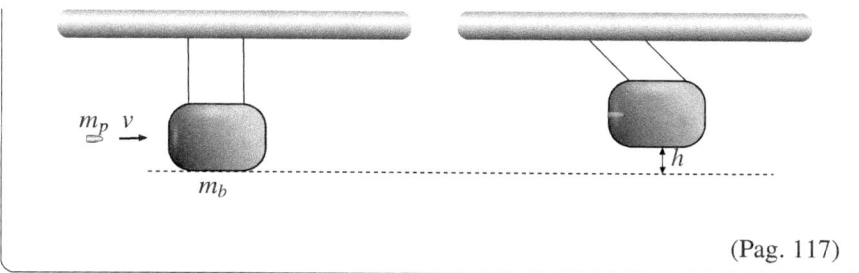

(Pag. 117)

Problema 3.16

Dos esferas homogéneas de masas iguales $m = 1$ kg están unidas por una varilla de longitud $l = 1,5$ m y masa despreciable. Si este sistema gira a razón de 3 vueltas por segundo alrededor de un eje vertical que pasa por el centro de la varilla, que está inclinada un ángulo de 15° respecto de la horizontal, calcule el momento angular interno y el total respecto del origen de coordenadas. ¿Es necesaria la existencia de un momento de fuerza? Calcule el momento angular de ese sistema respecto de cualquier punto.

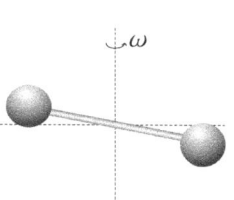

(Pag. 118)

Problema 3.17

Dos patinadores parten, uno al encuentro del otro, desde una distancia de separación de 45 m. Uno de ellos, de 62 kg, parte con una velocidad de 26 km/h. ¿Con qué velocidad debe partir el otro para que ambos se detengan al colisionar? ¿En qué lugar se da el alcance? El segundo patinador tiene una masa de 77 kg.

(Pag. 120)

Tema 4

Movimiento plano del sólido rígido

Problema 4.1

Calcule el ángulo máximo con la horizontal que tiene que tener un plano inclinado para que un cilindro macizo y homogéneo de masa m y radio R pueda caer rodando sin deslizar sabiendo que el coeficiente de rozamiento estático es μ_e.

(Pag. 121)

Problema 4.2

Dejamos caer, partiendo del reposo, una esfera homogénea de masa $M=500$ g y radio $R=5$ cm desde una altura $h=60$ cm por un plano inclinado 30°. La esfera en todo momento rueda sin deslizar, ¿con que velocidad llegará al suelo? ¿A qué altura llegará al subir por la superficie curvada que hay a continuación del plano inclinado?

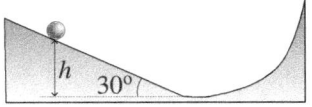

(Pag. 122)

Problema 4.3

Dejamos caer una bolita de radio r por el interior de una superficie en forma de semicírculo de radio R de manera que la bolita ruede sin deslizar por la superficie. Calcule la aceleración de la bolita y su aceleración angular de rotación en función de la altura.

(Pag. 123)

Problema 4.4

Un cilindro macizo y homogéneo de masa m_1 y radio R_1 está rotando con velocidad angular ω_1 alrededor de su eje. Si encima de él colocamos otro cilindro macizo y homogéneo de masa m_2 y radio R_2 inicialmente en reposo y de manera que los ejes de ambos cilindros coincidan, calcule la velocidad angular con que terminan girando ambos cilindros y diga si la energía cinética se conserva.

(Pag. 125)

Problema 4.5

Tenemos dos discos unidos como en la figura. El disco que tiene un radio $R_1=30$ cm posee una masa $m_1=5$ kg, mientras que el disco de radio $R_2=14$ cm tiene una masa $m_2=500$ g y una cuerda enrollada a su alrededor. El coeficiente de rozamiento estático entre el disco y el suelo es $\mu_e=0,8$. Determine el valor máximo de la fuerza con la que podemos tirar de la cuerda para que el sistema ruede sin deslizar.

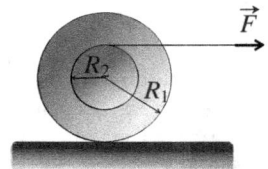

(Pag. 126)

Problema 4.6

Un camión va cargado de tal manera que su centro de masas está a $h=0,75$ m de altura. El ancho entre las ruedas es de $l=2,3$ m y quiere tomar una curva de 20 m de radio sin volcar. ¿Cuál es la velocidad máxima que puede llevar?

(Pag. 127)

Problema 4.7

Un disco de radio R rueda sin deslizar con una velocidad angular ω. ¿Qué velocidad lleva el punto del disco que está a mayor altura? ¿Cuál es su dirección y sentido?

(Pag. 129)

Problema 4.8

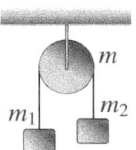

Tenemos una polea de radio $R = 10$ cm y masa $m = 2$ kg. Suspendemos dos objetos de masas $m_1 = 3$ kg y $m_2 = 5$ kg a ambos lados de la polea por medio de un hilo inextensible y de masa despreciable. Calcule la aceleración con la que se mueven esos dos objetos y las tensiones que sufren las cuerdas.

(Pag. 130)

Problema 4.9

Dos poleas de radio R y masa despreciable están colocadas como en la figura. Una de ellas está sujeta al techo mientras que la otra es móvil. Calcule el valor mínimo que tiene que tener m_1 para que m_2, partiendo del reposo, ascienda. Si le damos a m_1 un valor doble del valor mínimo obtenido anteriormente, calcule la aceleración con que se moverían ambas masas.

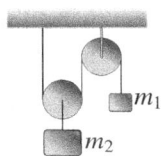

(Pag. 131)

Problema 4.10

Resuelva ahora el problema 4.9, pero cuando ambas poleas tienen una masa, m_p, no despreciable.

(Pag. 132)

Problema 4.11

Una varilla homogénea de longitud $2l$ y peso P está alojada entre una pared lisa y una clavija lisa (que no tienen rozamiento). Calcule el ángulo entre la pared y la varilla correspondiente al equilibrio y, además, las reacciones en A y B.

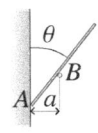

(Pag. 134)

29

Problema 4.12

Tenemos un sistema de dos poleas unidas por su eje de manera que rotan de forma solidaria. Las poleas están en vertical y con su eje unido al techo por medio de un soporte. Alrededor de ambas poleas enrollamos un hilo inextensible y de masa despreciable de manera que cuelga un solo extremo de cada hilo a cada lado de las poleas. La primera polea tiene una masa $m_1 = 1,5$ kg y un radio de $r_1 = 84,6$ cm y la segunda polea una masa $m_2 = 120$ g y un radio de 33,1 cm. En el hilo de la primera polea colgamos un objeto de masa $m_p = 10,4$ kg. Calcule el valor máximo de la masa de un objeto que podría subir si lo atáramos al hilo de la segunda polea y empujado sólo por la masa m_p. Si aplicamos una tensión $T = 47$ N al hilo de cada polea, obtenga la aceleración angular con que giraría. Considere cada polea como un disco macizo de densidad de masa constante.

(Pag. 136)

Problema 4.13

Calcule el momento angular de un sólido rígido que está en rotación alrededor de un eje de simetría con velocidad angular ω, respecto de cualquier punto de ese eje.

(Pag. 136)

Problema 4.14

Calcule la velocidad de precesión de una peonza cuando su eje está inclinado un ángulo θ respecto de la vertical en función de su velocidad de giro, ω, de su masa, m, del momento de inercia respecto de su eje, I, y de la altura, h, de su centro de masas.

(Pag. 138)

Tema 5

Movimiento ondulatorio, ondas sonoras

Problema 5.1

A qué distancia nos tenemos que poner de un foco de ondas esférico para que la intensidad que nos llegue sea una cuarta parte de la que llega en puntos situados a un metro del foco.

(Pag. 141)

Problema 5.2

La intensidad de una onda se reduce en un 50 % cuando la distancia recorrida en un medio con absorción es de 3 m. ¿Cuánto vale el coeficiente de absorción de ese medio?

(Pag. 142)

Problema 5.3

Percibimos un sonido con un nivel de intensidad de 80 dB, ¿cuál será su intensidad?

(Pag. 142)

Problema 5.4

El sonido de un foco sonoro lo dejamos de percibir a 250 m. ¿Qué sensación sonora nos producirá a 45 m?

(Pag. 143)

Problema 5.5

¿Qué número mínimo de focos sonoros idénticos, que nos producen por separado una sensación sonora de 60 dB, es necesario para que nos produzca una sensación sonora de 80 dB?

(Pag. 144)

Problema 5.6

Un buzo está a la deriva en un río cuya corriente discurre a 60 km/h. Río arriba respecto del buzo hay sumergido un foco que emite un sonido de 4,5 kHz. ¿Qué frecuencia percibirá el buzo?

(Pag. 145)

Problema 5.7

Una ambulancia, que se mueve a velocidad constante, viene hacia nosotros y percibimos un incremento en la frecuencia de la sirena de un 10 %. ¿Cuánto tiempo transcurrirá desde que pasa a nuestro lado hasta que dejemos de percibir el sonido de la sirena si, a 5 m de nosotros, la sensación sonora que produce es de 40 dB?

(Pag. 146)

Problema 5.8

Un observador, mientras se mueve, va emitiendo pulsos sonoros de una frecuencia de 8 kHz que rebotan en objetos en reposo y le llegan con una frecuencia de 9 kHz. ¿A qué velocidad se mueve?

(Pag. 146)

Problema 5.9

¿A qué velocidad circula una ambulancia si la frecuencia del sonido de su sirena disminuye un 12 % al pasar de un lado al otro de un observador situado al borde de la calzada? Si cuando esa ambulancia está a 3,4 metros del observador este percibe su sonido con un nivel de intensidad de 45 dB, ¿a qué distancia dejará de percibirlo? Suponemos una velocidad del sonido de 340 m/s. ¿En qué factor tendría que aumentar la intensidad del sonido de la sirena para que, en lugar de 45 dB, percibiéramos un nivel de intensidad de 55 dB?

(Pag. 147)

Problema 5.10

La posición de un foco sonoro de potencia $P = 126$ mW, que emite un sonido de 1.193 Hz de frecuencia, está oscilando en el eje x de manera que su coordenada viene dada por $x = A\cos(12t)$. Si la diferencia en la sonoridad máxima percibida por un observador situado en $x = 3,6$ m vale 9,5 dB, ¿cuál es el valor de la amplitud A de movimiento?

(Pag. 149)

Tema 6

Campo electrostático

Problema 6.1

En los vértices de un cuadrado de 5 cm de radio colocamos 4 cargas iguales $q = 10\ \mu$C. Calcule el valor de la fuerza que sufre cualquiera de esas cargas y cuál es el valor del campo eléctrico en la posición de esa carga.

(Pag. 151)

Problema 6.2

En una región hay un campo eléctrico dado por la expresión $\vec{E} = -9{,}5y\,\vec{j}$, que nos mide el campo en N/C si y está en metros. A una partícula de masa $m = 35{,}3$ g y carga $q = 5{,}5$ C, que se encuentra en el origen del sistema de referencia, le damos un impulso y sale despedida con una velocidad inicial $\vec{v} = 22{,}1\,\vec{j}$ m/s. En esa región existe una fuerza de fricción constante $F_r = 33{,}6$ N que se opone al movimiento de la carga. Calcule la distancia máxima al origen a la que podrá llegar la carga.

(Pag. 153)

Problema 6.3

Cuando tenemos un hilo dispuesto en forma circular sobre un plano horizontal, cargado con una densidad de carga unidimensional homogénea, λ, el módulo del campo eléctrico en puntos situados a una altura h en la recta vertical que pasa por el centro del círculo es

$$E = \frac{\lambda R h}{2\epsilon_0 (R^2 + h^2)^{\frac{3}{2}}},\qquad(6.1)$$

siendo R el radio del círculo. La dirección de este campo eléctrico coincide con la recta vertical. Obtenga, a partir de (6.16), el campo eléctrico creado por un disco circular cargado homogéneamente, σ constante, también en puntos de la recta vertical que pasa por el centro del disco.

(Pag. 154)

Problema 6.4

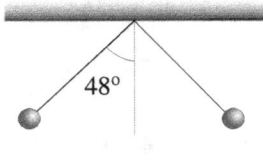

Cargamos dos bolas con una carga eléctrica q ila primera y la otra con carga $2q$. Ambas bolas tienen una masa de 7,7 kg y se suspenden de un punto común por dos hilos de 0,91 m de longitud. Se observa que, al alcanzar el equilibrio, forman un ángulo de 48° con la vertical ¿Qué valor tiene la carga q?

(Pag. 155)

Problema 6.5

Diga si es posible la existencia de un campo electrostático de la forma

$$\vec{E} = 5x^2\,\vec{i} + (x+6)\,\vec{j} + 4z\,\vec{k}.\qquad(6.2)$$

(Pag. 156)

Problema 6.6

En una región del espacio tenemos una densidad constante de carga eléctrica $\rho=27,8$ nC/m^3. Calcule el flujo del campo eléctrico que atravesará cualquier superficie cúbica contenida en esa región en función de su arista a.

(Pag. 157)

Problema 6.7

En una región del espacio tenemos un campo eléctrico dado por $\vec{E} = 14\vec{j}$ N/C. Calcule la carga neta encerrada en un cubo de 4 cm de arista si este cubo tiene un vértice en el origen de un sistema de referencia y tres de sus aristas coinciden con los ejes de ese sistema de referencia.

(Pag. 158)

Problema 6.8

Vuelva a realizar el problema 6.7, pero para un campo eléctrico que varía con la coordenada y: $\vec{E} = 5y\vec{j}$ N/C.

(Pag. 159)

Problema 6.9

En los vértices de un cuadrado de 6 cm de lado tenemos 4 cargas iguales, $q = -4\mu C$, y las movemos para situarlas en los vértices de un rectángulo de lados 3 y 7 cm. Obtenga el valor del trabajo efectuado por el campo eléctrico.

(Pag. 160)

Problema 6.10

Fijamos dos cargas iguales, $q = 15\,\mu C$, a una distancia $l=20$ cm una de la otra. ¿Qué trabajo hace el campo cuando colocamos una tercera carga $q' = -4\,\mu C$ en el punto medio de las dos?

(Pag. 161)

Problema 6.11

En los vértices de un cuadrado de lado $l = 5$ cm colocamos cuatro cargas de $-5\,\mu C$, $2\,\mu C$, $10\,\mu C$ y $-3\,\mu C$. Calcule el potencial eléctrico en el centro del cuadrado y el trabajo que haría el campo al colocar en ese punto una carga de $7\,\mu C$. ¿Quién hace el trabajo?

(Pag. 162)

Problema 6.12

Tenemos un hilo infinito cargado homogéneamente con una densidad lineal de carga λ. Sabemos que el flujo del campo eléctrico sobre una superficie esférica de 23,7 cm de radio, cuyo centro es atravesado por el hilo, es de 48207,8 V·m, ¿qué valor tiene λ?

(Pag. 162)

Problema 6.13

En una región del espacio tenemos un campo eléctrico constante $\vec{E}=4000\,\vec{\imath}$ N/C. a) Calcule la forma del potencial eléctrico en esa región. b) ¿Qué energía eléctrica hay acumulada en un volumen cúbico de 17,7 cm de arista?

(Pag. 163)

Problema 6.14

En una región del espacio hay un campo eléctrico dado por $\vec{E} = -2,0x\,\vec{\imath} - 3,0y\,\vec{\jmath} + 2,0z\,\vec{k}$ N/C. Calcule la densidad de carga y el potencial eléctrico en esa región. Calcule también el flujo del campo eléctrico que atraviesa una superficie esférica de radio $R = 4$ cm situada en esa región.

(Pag. 164)

Problema 6.15

Tenemos el siguiente campo eléctrico: $\vec{E} = +8,0x\,\vec{\imath} - 5,0y\,\vec{\jmath} - 5,0\,\vec{k}$ N/C. Calcule el trabajo que hace ese campo cuando una carga de 12 μC se mueve del punto (0,0,0) al punto (1,1,1), donde las coordenadas están dadas en metros. ¿Quién hace el trabajo? Calcule también el flujo del campo eléctrico que atraviesa una superficie cúbica de arista $a = 10$ cm situada en esa región.

(Pag. 165)

Tema 7

Conductores y dieléctricos

Problema 7.1

Necesitamos una resistencia de 150 Ω, pero solo disponemos de resistencias de 100 Ω, ¿cómo podríamos obtenerla?

(Pag. 167)

Problema 7.2

Calcule la resistencia del conductor de la figura, cuya sección tiene un radio variable dado por:

$$r = \frac{b-a}{l}x + a \qquad (7.1)$$

en función de la resistividad, ρ, del material y donde x es la distancia a la sección de radio a.

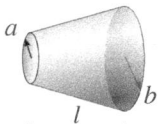

(Pag. 168)

Problema 7.3

Un conductor cilíndrico de longitud $l = 59$ cm, con un radio $a_1 = 1{,}27$ mm y resistividad $\rho_1 = 44{,}41$ mΩ·m está rodeado por una corteza cilíndrica de la misma longitud, con un radio $a_2 = 1{,}89$ mm y resistividad $\rho_2 = 56{,}46$ mΩ·m. ¿Qué diferencia de potencial tenemos que aplicar en sus extremos para que se disipe una potencia $P = 1,2$ W?

(Pag. 169)

Problema 7.4

Tenemos un generador que tiene una f.e.m. de 12 V y una resistencia interna de 10 Ω. Calcule el valor que tendría que tener una resistencia externa para que, al conectarla a este generador, disipara la máxima potencia. Diga también cuál es el valor de esta potencia máxima.

(Pag. 170)

Problema 7.5

Tenemos unos generadores de 50 V de f.e.m. y con una resistencia interna de 15 Ω. Queremos alimentar la resistencia de un calefactor de 500 Ω con estos generadores. ¿Cuántos generadores tenemos que conectar en paralelo para que el rendimiento del sistema sea al menos igual a $\eta = 0,99$?

(Pag. 171)

Problema 7.6

¿Cuántas calorías por minuto desprende una resistencia de 1,5 kΩ al conectarla a una diferencia de potencial de 300 V?

(Pag. 172)

Problema 7.7

¿A partir de condensadores de 10 μF cómo podríamos fabricar un condensador de 7,5 μF?

(Pag. 173)

Problema 7.8

En un material dieléctrico homogéneo, isótropo y lineal (HIL) de permitividad ϵ, el campo eléctrico viene dado por:

$$\vec{E} = x^2 \vec{\imath} + z \vec{k} \quad (\text{V/m}). \tag{7.2}$$

¿Cuánto vale la densidad de carga libre en esa región? ¿Y la densidad de carga ligada?

(Pag. 174)

Problema 7.9

Tenemos un condensador plano cuyas armaduras tienen una superficie $A = 18{,}8$ cm^2 y que tiene un dieléctrico de constante $\kappa = 3{,}2$, que está llenando completamente el espacio entre sus armaduras. Este condensador está cargado con una diferencia de potencial $V = 43$ V. Si en las caras del dieléctrico aparece una densidad de carga ligada $\sigma_b = 2{,}21$ C/m^2, calcule la capacidad del condensador sin dieléctrico.

(Pag. 175)

Problema 7.10

Tenemos un condensador plano, cuya separación entre sus armaduras es de 5,6 mm, conectado en serie a otro de capacidad 7 pF. Sumergimos el primer condensador en un líquido de constante dieléctrica $\kappa = 3{,}4$. En esta situación, la capacidad de la asociación es equivalente a la que tendría el primer condensador fuera del líquido con las armaduras separadas hasta una distancia de 6,8 mm. ¿Cuál es el área de las armaduras del primer condensador?

(Pag. 176)

Problema 7.11

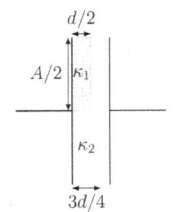

Un condensador plano tiene una capacidad sin dieléctrico de $C_0 = 10$ μF. Le introducimos dos dieléctricos como en la figura, donde A es el área de las armaduras y d es el espacio entre ellas. Uno de los dieléctricos tiene una constante dieléctrica $\kappa_1 = 1{,}6$ y el otro una constante dieléctrica $\kappa_2 = 2{,}5$. a) Calcule la capacidad que ahora tiene ese condensador. b) Cargamos el condensador con una diferencia de potencial $V = 15$ V entre sus armaduras. Calcule la carga y la energía almacenada en el condensador antes y después de introducir los dieléctricos.

(Pag. 177)

Problema 7.12

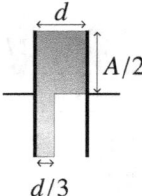

El condensador plano de la figura tiene una capacidad sin dieléctrico $C_0 = 15\ \mu F$. Las armaduras del condensador tienen un área A y están separadas una distancia d. Le añadimos un dieléctrico de constante $\kappa = 2{,}1$ que no llena completamente el espacio entre armaduras, como se ve en la figura. Calcule cuál es la nueva capacidad del condensador con dieléctrico.

(Pag. 178)

Problema 7.13

Disponemos de un condensador plano con una separación entre armaduras de 5,9 mm y lo hemos conectado a otros dos de capacidad 7 pF cada uno, de manera que los tres están en paralelo. Sumergimos el primer condensador en un líquido de constante dieléctrica $\kappa = 3{,}4$. En esta situación, la capacidad de la asociación es equivalente a la que tendría el primer condensador fuera del líquido con las armaduras separadas hasta una distancia de 1,5 mm. ¿Cuál es el área de las armaduras del primer condensador?

(Pag. 180)

Problema 7.14

Tenemos un condensador de capacidad $C_1 = 129$ nF sin dieléctrico conectado en paralelo con un condensador de la misma capacidad. Esta asociación la conectamos en serie con otro condensador de capacidad igual a $C_2 = 192$ nF. Calcule el valor de la constante dieléctrica del material que tendríamos que introducir en el primer condensador para que la capacidad de toda la asociación (con los tres condensadores) fuera igual a C_1.

(Pag. 180)

Problema 7.15

Tenemos tres condensadores iguales sin dieléctrico conectados en serie. Añadimos tres dieléctricos a cada uno de constantes κ_1, κ_2 y κ_3, de manera que llenan todo el espacio entre armaduras. Comprobamos que ahora es capaz de almacenar un 325,8 % de la energía que almacena sin dieléctrico para la misma diferencia de potencial. Sabiendo que $\kappa_1 = 3{,}97$ y $\kappa_2 = 3{,}29$ calcule el valor de la constante dieléctrica κ_3.

(Pag. 181)

Problema 7.16

Obtenga la densidad de carga ligada que aparece en un dieléctrico de constante κ situado en el interior de un condensador plano cargado con una densidad de carga σ. Calcule también el valor del campo eléctrico inducido.

(Pag. 182)

Problema 7.17

Colocamos en serie dos condensadores sin dieléctrico, $C_1 = 15$ pF y $C_2 = 30$ pF, y los conectamos a una diferencia de potencial de 12 V. Al condensador C_1 le introducimos un dieléctrico de constante $\kappa = 2,5$. Calcule la diferencia de potencial y la carga en ambos condensadores antes y después de la introducción del dieléctrico. ¿Hay ganancia o pérdida energética en este proceso?

(Pag. 183)

Problema 7.18

Rodeamos un hilo rectilíneo muy largo, que tiene una densidad homogénea de carga λ, con un material HIL de constante dieléctrica κ. ¿Cuánto vale el campo y el desplazamiento eléctrico que crea este hilo a una distancia r del mismo?

(Pag. 185)

Problema 7.19

Tenemos cuatro condensadores en un circuito como el que podemos ver en la figura. Las capacidades que tienen estos condensadores, todos tienen un dieléctrico que llena todo el espacio entre sus armaduras, son: $C_1 = 500$ nF, $C_2 = 6\,\mu$F, $C_3 = 2\,\mu$F y $C_4 = 850$ nF.

Las tensiones de ruptura —la diferencia de potencial a partir de la cual el campo eléctrico es mayor que la rigidez dieléctrica del material— son: $V_{1r} = 80$ V, $V_{2r} = 150$ V, $V_{3r} = 200$ V y $V_{4r} = 120$ V. Calcule la capacidad equivalente de esta asociación y cuál es el valor de diferencia de potencial máxima que

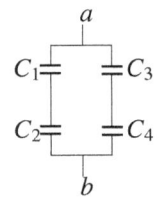

43

podemos aplicar entre los puntos *a* y *b*.

(Pag. 186)

Tema 8

Campo magnético

Problema 8.1

En un dispositivo como el de la figura tenemos un campo magnético uniforme B. Si por el orificio D entran electrones a la región donde hay campo B con velocidades únicamente con componente vertical, ¿por cuál de los otros orificios podrían salir del dispositivo? ¿Cuánto tiene que valer el campo magnético para que los electrones que escapen por A o por C sean aquellos que tengan una velocidad de 100 m/s?

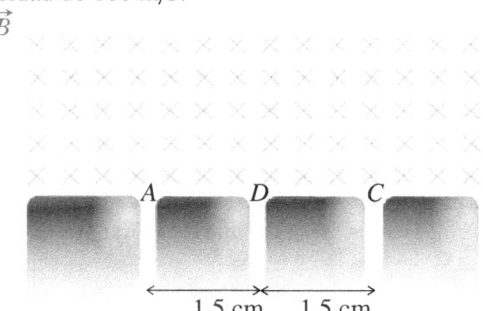

(Pag. 189)

Problema 8.2

Por el interior de un condensador plano, con una distancia entre armaduras de 10 cm y cargado a 15 V, hay un campo magnético B que hace que un electrón se desplace con una velocidad rectilínea de 3000 km/h paralelo a las armaduras del condensador. Calcule el valor de ese campo magnético.

(Pag. 190)

Problema 8.3

Una partícula cargada de masa $m = 187\ \mu g$ y carga de $q = 38{,}6\ \mu C$ se mueve perpendicular a un campo magnético constante $B = 207$ mT. Además, la carga en su movimiento sufre una fuerza constante de fricción que se opone a su movimiento de valor $F_f = 67$ mN. Si en el instante inicial su velocidad es de $v_0 = 13{,}4$ m/s, calcule el radio inicial de la trayectoria y el tiempo que tiene que pasar para que el radio se reduzca a $87{,}3 \cdot 10^{-3}$ m. Haga un dibujo indicando el sentido de movimiento de la carga en relación al campo magnético.

(Pag. 191)

Problema 8.4

Una lámina de cobre ($n=8{,}5 \cdot 10^{28}$ electrones/m^3 y $e=1{,}6 \cdot 10^{-19}$ C) tiene un espesor de 3 μm. Por ella circula una corriente de 600 mA. Al colocar esa lámina perpendicular a un campo magnético uniforme aparece una diferencia de potencial entre los lados de la lámina de 5 μV. ¿Cuánto vale el campo magnético aplicado?

(Pag. 192)

Problema 8.5

Calcule la fuerza magnética de las corrientes de la figura si el campo magnético B es uniforme. Datos: $I = 100$ mA, $R = 30$ cm y $B = 800$ mT en ambos casos.

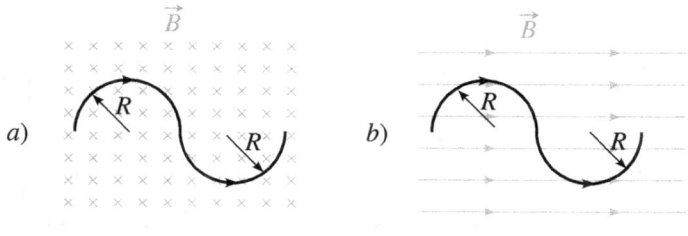

(Pag. 194)

Problema 8.6

Un cable infinitamente largo lleva una corriente constante $I = 10$ A en la dirección positiva del eje z. Encuentra el campo magnético $\vec{B}$ a una distancia $r = 0{,}05$ m del cable.

(Pag. 195)

Problema 8.7

Considera dos alambres paralelos infinitamente largos, separados por una distancia $d = 0{,}2$ m. El primer alambre lleva una corriente $I_1 = 3$ A en la dirección positiva del eje z, y el segundo alambre lleva una corriente $I_2 = 5$ A en la misma dirección. Calcula el campo magnético total B_{total} en un punto P que está en un punto intermedio de los hilos.

(Pag. 195)

Problema 8.8

Un cable coaxial rectilíneo y muy largo transporta una corriente $I = 427$ mA en su conductor interior. El conductor cilíndrico que rodea el conductor interior transporta la misma corriente I, pero en sentido contrario. En el espacio entre conductores hay vacío. Diga cuánto vale el campo magnético en esa región entre conductores en función de la distancia al eje del cable coaxial. ¿Qué campo magnético hay en el exterior? Si la sección del conductor exterior es cinco veces mayor que la del conductor interior y están hechos del mismo material, ¿cuál de los dos conductores disipa mayor energía por unidad de tiempo y en qué proporción con respecto al otro conductor?

(Pag. 197)

Problema 8.9

Tenemos una lámina conductora de espesor despreciable en el plano xy. Por esa lámina circula corriente eléctrica que produce un campo magnético que en su superficie viene dado por la expresión $\vec{B}(x,y,z) = B_0 \sqrt{x^2 + y^2}\, \vec{k}$ y donde $B_0 = 152\ \mu$T. Calcule la corriente eléctrica en cada punto de la lámina el valor de su intensidad como una función de la distancia de cada punto de la lámina al origen del sistema de referencia. Describa también cómo cree que es esa corriente.

(Pag. 198)

Problema 8.10

Una partícula con carga $q = -4\ \mu C$ se mueve en el vacío con una velocidad $v = 1125$ m/s. Escogemos un sistema de referencia tal que la partícula se mueva sobre el eje z y en sentido positivo. Calcule el campo magnético que crea esta carga en puntos del eje x y del eje z en función de sus coordenadas en el instante que la carga pasa por el origen del sistema de referencia. Aparte del módulo diga la dirección y sentido.

(Pag. 200)

Problema 8.11

Por una espira cuadrada de lado $a = 5$ cm circula una corriente eléctrica de 100 mA de intensidad. ¿Cuánto vale el campo magnético que crea esa corriente justo en el centro de la espira?

(Pag. 201)

Problema 8.12

La espira del problema 8.11 la colocamos encima de una superficie horizontal y aplicamos un campo magnético B perpendicular a esa superficie. Si la espira tiene una masa $m = 50$ g y se mantiene en equilibrio cuando la colocamos formando un ángulo de 85° con la horizontal, calcule el valor del campo magnético aplicado.

(Pag. 202)

Problema 8.13

Tenemos una corriente rectilínea muy larga de intensidad I. A su izquierda colocamos de forma paralela una corriente rectilínea, también muy larga, de intensidad $I_1 = 465$ mA a una distancia de $d_1 = 9$ cm. A su derecha colocamos, también de forma paralela, otra corriente rectilínea de intensidad $I_2 = 447$ mA y a una distancia $d_2 = 27$ cm. La corriente I_1 tiene el mismo sentido que I_2. Comprobamos que un tramo de 42 cm de la corriente de intensidad I experimenta una fuerza de 36,6 nN hacia la izquierda. Calcule el valor de I y diga si su sentido coincide con el de las otras corrientes.

(Pag. 203)

Tema 9

Inducción magnética

Problema 9.1

Diga si es posible la existencia de un campo magnético dado por la expresión:

$$\vec{B} = 5x^2 \vec{\imath} + 3zx \vec{\jmath} + \cos(2\pi x) \vec{k}. \tag{9.1}$$

(Pag. 205)

Problema 9.2

La siguiente expresión:

$$\vec{B} = -343z \vec{\imath} \ \mu\text{T}, \tag{9.2}$$

nos dice cuánto vale el campo magnético en una determinada región. ¿Qué campo eléctrico podría producirlo? ¿Y qué densidad de corriente eléctrica podría producirlo?

(Pag. 206)

Problema 9.3

Una espira conductora circular de radio r está en un campo magnético constante B. Si hacemos rotar esa espira respecto de un eje perpendicular al campo magnético con una velocidad angular ω y que pasa por el centro de la espira, calcule la f.e.m. inducida por este movimiento.

(Pag. 206)

Problema 9.4

Calcule la f.e.m. inducida en la espira del problema 9.3 si, además de estar girando, el campo $\vec{B}$ tiene un módulo que cambia con el tiempo según la expresión $B = B_0 \,\text{sen}\,(\omega t)$.

(Pag. 207)

Problema 9.5

Tenemos un conductor, de resistencia despreciable, en forma de U en el seno de un campo magnético uniforme, como en la figura. Encima de él colocamos una barra conductora de resistencia R y la movemos hacia la derecha con una velocidad constante v. Calcule la f.e.m. y la corriente inducida, así como su sentido. Calcule también la fuerza que el campo magnético ejerce sobre la barra en movimiento, tanto su módulo como su dirección y sentido.

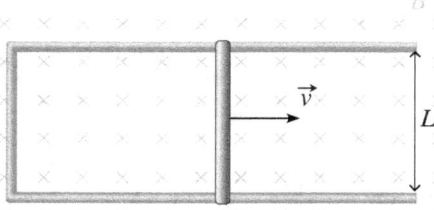

(Pag. 208)

Problema 9.6

Tenemos una espira conductora, de resistencia despreciable, en el seno de un campo magnético uniforme, como en la figura. Encima de él colocamos una barra conductora de resistencia R y la movemos hacia la derecha con una velocidad constante v. Calcule la f.e.m. y la corriente inducida, así como su sentido en cada parte del circuito.

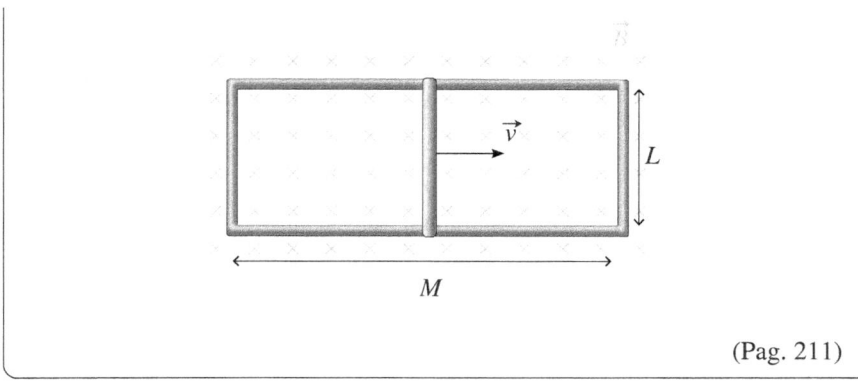

(Pag. 211)

Problema 9.7

Hacemos circular una corriente $I = 35\cos(180t)$ mA por una autoinducción de 100 mH. Obtenga la fuerza electromotriz inducida en función del tiempo.

(Pag. 211)

Problema 9.8

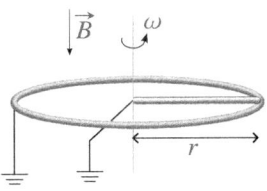

Una barra conductora de longitud r y resistencia R la hacemos girar con velocidad angular ω respecto de un eje perpendicular a ella y que pasa por uno de sus extremos. A su vez, esta barra tiene el otro extremo apoyado sobre una espira conductora circular de radio r y de resistencia despreciable, ver figura. En esa región hay un campo magnético uniforme cuya dirección coincide con el eje de giro de la barra. La espira conductora y el extremo fijo de la barra están conectadas a tierra. Calcule la intensidad inducida que circula por la barra.

(Pag. 212)

Problema 9.9

El campo magnético en el interior de una bobina toroidal viene dado, de forma aproximada, por

$$B \approx \frac{\mu_0 NI}{2\pi r_m}, \qquad (9.3)$$

donde r_m es el radio medio de la bobina, I es la intensidad de corriente que circula por ella y N es el número de espiras. Calcule el coeficiente de autoinducción.

(Pag. 213)

Problema 9.10

En una región del espacio hay un campo eléctrico dado por la siguiente expresión $\vec{E} = E_0 \, \text{sen}\,(\omega t - ky)\,\vec{k}$. ¿Qué forma tiene el campo magnético en esa misma región? ¿Qué relación hay entre las amplitudes del campo eléctrico y del campo magnético?

(Pag. 214)

Problema 9.11

Hacemos girar una espira conductora circular de radio r y de resistencia R alrededor de un eje perpendicular a un campo magnético B. Obtenga una expresión que nos diga el momento de fuerzas que tenemos que ejercer para que la espira gire con velocidad angular constante.

(Pag. 215)

Problema 9.12

Tenemos un solenoide de longitud $L_1 = 0{,}1$ m, radio $r_1 = 0{,}3$ m y $N_1 = 500$ vueltas y un circuito rectangular plano con lados $a = 3$ cm y $b = 4$ cm, colocado dentro del solenoide perpendicular al eje del solenoide. Suponiendo que el campo magnético generado por el solenoide es uniforme en su interior y despreciable en el exterior, calcula el coeficiente de inducción mutua M entre los dos circuitos.

(Pag. 216)

Problema 9.13

En una región cúbica de 30 cm de arista hemos creado un campo magnético de 100 mT. Calcule la energía magnética acumulada.

(Pag. 217)

Tema 10

Magnetismo en la materia

Problema 10.1

Calcule el campo magnético en una barra cilíndrica con una imantación, $\vec{M}$, constante en toda ella, paralela al eje de la barra y en ausencia de corrientes libres. Calcule también las corrientes moleculares.

(Pag. 219)

Problema 10.2

Un bloque de bismuto tiene una susceptibilidad magnética de $\chi_m = -1{,}66 \cdot 10^{-4}$. Este bloque se coloca en una región donde hay una intensidad magnética uniforme $\vec{H} = 800$ A/m. Calcula la magnetización del bloque de bismuto.

(Pag. 220)

Problema 10.3

Considera un solenoide largo de longitud $L = 1{,}0$ m, con $N = 1000$ vueltas, que lleva una corriente $I = 2{,}0$ A. El solenoide está relleno con un material diamagnético que tiene una susceptibilidad magnética $\chi_m = -5{,}0 \cdot 10^{-5}$. Encuentra el campo magnético total $\vec{B}_{\text{total}}$ dentro del solenoide, teniendo en cuenta tanto el campo magnético debido a la corriente en el solenoide como la contribución del material diamagnético.

(Pag. 221)

Problema 10.4

Por una bobina solenoidal con 50 vueltas/cm circula una corriente de 100 mA. Introducimos en la bobina un material que tiene una susceptibilidad magnética $\chi_m = 3 \cdot 10^{-4}$. ¿Cuánto vale el campo magnético en el interior? ¿El material es paramagnético o diamagnético?

(Pag. 222)

Problema 10.5

Introducimos un solenoide por el que circula una corriente de intensidad I en el interior de un líquido y vemos que el campo magnético decae un $3 \cdot 10^{-3}$ %. ¿Cuánto vale la susceptibilidad magnética de ese líquido? ¿Qué tipo de material magnético es?

(Pag. 223)

Problema 10.6

En un solenoide tenemos un núcleo de hierro. Por este solenoide, que tiene 500 espiras y una longitud de 2 cm, circula una corriente de 100 mA. En el interior del núcleo medimos un campo magnético de 100 mT. ¿Qué valor tiene la intensidad magnética H? ¿Cuánto vale la imantación en el material? ¿Qué valor tiene de permeabilidad relativa en este caso?

(Pag. 223)

Problema 10.7

En una autoinducción con un coeficiente $L = 500$ mH introducimos un material ferromagnético imantado de tal manera que podemos considerar que tiene una permeabilidad magnética relativa $\mu_r = 300$. ¿Cuanto vale el coeficiente de autoinducción ahora?

(Pag. 224)

Problema 10.8

Tenemos una corriente infinita en el interior de un material HIL de permeabilidad magnética μ. ¿Cuál es el valor del campo magnético a su alrededor en función de la distancia de los puntos a la corriente?

(Pag. 225)

Problema 10.9

Introducimos un núcleo de hierro en el interior de una bobina solenoidal que tiene 50 espiras por centímetro y por la que circula una corriente de 100 mA. Al hacer esto, el campo magnético en el interior de la bobina aumenta en un 50 %. ¿Cuánto vale la imantación de ese núcleo?

(Pag. 225)

Problema 10.10

Tenemos un núcleo de hierro en el interior de un solenoide por el que circula una corriente eléctrica de intensidad $I = 68,3$ mA. La magnetización que tiene ese núcleo de hierro es $M = 7 \cdot 10^5$ C/m^2 y el campo magnético en su interior es $B = 0,88$ T. ¿Cuál es el número de espiras por unidad de longitud del solenoide?

(Pag. 226)

Problema 10.11

Para crear un determinado campo magnético uniforme B en una región del espacio vacío hemos necesitado emplear una energía $E_0 = 1033$ J. Si para crear ese mismo campo en esa misma región, pero llena de un determinado material magnético, hemos necesitado una energía $E_m = 9,22$ J, ¿cuánto vale la permeabilidad magnética relativa de ese material? Si empleáramos una energía para crear el campo magnético en esa región, pero en el vacío, ¿en qué factor se modicaría B?

(Pag. 227)

Problema 10.12

A una distancia $d = 20$ cm de una corriente eléctrica rectilínea indefinida medimos una intensidad magnética de 8,9372 A/m y un campo magnético de 11,287 μT producidos por la corriente. ¿Cuánto vale la intensidad de esa corriente? ¿Y la susceptibilidad magnética del medio? ¿Qué tipo de material

55

magnético es?

(Pag. 227)

Parte II
Problemas resueltos

Tema 0

Cálculo vectorial

> **Problema 0.1**
>
> Considera dos puntos en el espacio, $A = (1, 2, 3)$ y $B = (4, 5, 6)$. Se desea encontrar el vector $\vec{AB}$ que va de A a B, calcular su magnitud y luego determinar un vector unitario en la dirección de $\vec{AB}$.

Solución:

El vector $\vec{AB}$ se encuentra restando las coordenadas del punto inicial A de las coordenadas del punto final B:

$$\vec{AB} = B - A = (4 - 1, 5 - 2, 6 - 3) = (3, 3, 3) \tag{1}$$

La magnitud de un vector $\vec{v} = (v_x, v_y, v_z)$ se calcula como:

$$|\vec{v}| = \sqrt{v_x^2 + v_y^2 + v_z^2}, \tag{2}$$

Luego, en nuestro caso,

$$|\vec{AB}| = \sqrt{3^2 + 3^2 + 3^2} = \sqrt{27} \tag{3}$$

Un vector unitario $\hat{u}$ en la dirección de un vector $\vec{v}$ se encuentra dividiendo el vector por su magnitud:

$$\hat{u}_{AB} = \frac{\overrightarrow{AB}}{|\overrightarrow{AB}|} = \frac{(3,3,3)}{\sqrt{27}} \qquad (4)$$

Simplificando, obtenemos:

$$\hat{u}_{AB} = \left(\frac{1}{\sqrt{3}}, \frac{1}{\sqrt{3}}, \frac{1}{\sqrt{3}}\right) \qquad (5)$$

A partir de este ahora, los vectores los vamos a representar usando los vectores unitarios del sistema de referencia cartesiano, $\vec{i}$, $\vec{j}$, $\vec{k}$, y escribimos entonces:

$$\boxed{\overrightarrow{AB} = 3\vec{i} + 3\vec{j} + 3\vec{k}} \quad \text{y} \quad \boxed{\hat{u}_{AB} = \frac{1}{27}\vec{i} + \frac{1}{27}\vec{j} + \frac{1}{27}\vec{k}.} \qquad (6)$$

Problema 0.2

Calcule un vector unitario con la misma dirección y sentido que el vector $\vec{v} = 2\vec{i} + 5\vec{j} + \vec{k}$.

Solución:

Para obtener un vector unitario con la misma dirección y sentido que un vector $\vec{a}$, solo tenemos que dividir ese vector por su módulo, $\hat{a} = \vec{a}/a$, luego:

$$a = \sqrt{2^2 + 5^2 + 1^2} = \sqrt{30} \quad \Rightarrow \quad \boxed{\hat{a} = \frac{2}{\sqrt{30}}\vec{i} + \frac{5}{\sqrt{30}}\vec{j} + \frac{1}{\sqrt{30}}\vec{k}.} \qquad (7)$$

Problema 0.3

Para los vectores $\vec{a} = 3\vec{i} + 6\vec{k}$, $\vec{b} = 10\vec{j} + \vec{k}$ y $\vec{c} = \vec{i} + \vec{j} + 2\vec{k}$ calcule las siguientes operaciones: $\vec{a} \cdot \vec{b}$, $(\vec{a} - \vec{b}) \cdot \vec{c}$ y $\vec{a} \times \vec{b}$.

Solución:

El producto vectorial de dos vectores lo podemos calcular con la fórmula:

$$\vec{a} \cdot \vec{b} = a_x b_x + a_y b_y + a_z b_z, \qquad (8)$$

por lo que, en nuestro caso,

$$\vec{a} \cdot \vec{b} = 3 \cdot 0 + 0 \cdot 10 + 6 \cdot 1 \quad \Rightarrow \quad \boxed{\vec{a} \cdot \vec{b} = 6.} \qquad (9)$$

La segunda operación la calculamos igual que antes tras obtener la diferencia de $\vec{a}$ y $\vec{b}$:

$$\vec{a} - \vec{b} = (3-0)\vec{i} + (0-10)\vec{j} + (6-2)\vec{k} = 3\vec{i} - 10\vec{j} + 4\vec{k}. \quad (10)$$

$$(\vec{a}-\vec{b})\cdot\vec{c} = (3\vec{i}-10\vec{j}+4\vec{k})\cdot(\vec{i}+\vec{j}+2\vec{k}) = 3\cdot1-10\cdot1+4\cdot2 \Rightarrow \boxed{(\vec{a}-\vec{b})\cdot\vec{c} = 1.}$$
$$(11)$$

Por último, calculamos $\vec{a} \times \vec{b}$ por medio de la fórmula del determinante, que sabemos que es válida para sistemas de referencia dextrógiros, esto es, sistemas en los que $\vec{i}\times\vec{j} = \vec{k}$. Para sistemas levógiros solo tenemos que cambiar el signo del resultado. Suponemos, por tanto, que el sistema de referencia es dextrógiro:

$$\vec{a} \times \vec{b} = \begin{vmatrix} \vec{i} & \vec{j} & \vec{k} \\ a_x & a_y & a_z \\ b_x & b_y & b_z \end{vmatrix} = \begin{vmatrix} \vec{i} & \vec{j} & \vec{k} \\ 1 & 0 & 6 \\ 0 & 10 & 1 \end{vmatrix} \Rightarrow \boxed{\vec{a} \times \vec{b} = -60\vec{i} - \vec{j} + 10\vec{k}.}$$
$$(12)$$

Problema 0.4

Si $\vec{a} = \vec{i} + 3\vec{j}$, $\vec{a} \times \vec{b} = 0$ y $\vec{a} \cdot \vec{b} = 20$ calcule el valor del vector $\vec{b}$.

Solución:

Por ser $\vec{a}\times\vec{b} = 0$, sabemos que ambos vectores tienen la misma dirección, por lo que $\vec{b} = \lambda\vec{a}$, siendo λ un escalar que podrá ser positivo, si ambos vectores tienen el mismo sentido, o negativo.

$$\vec{a} \cdot \vec{b} = \lambda \vec{a} \cdot \vec{a} = \lambda a^2 = 20. \quad (13)$$

El módulo de $\vec{a}$ al cuadrado es:

$$a^2 = 1^2 + 3^2 = 10 \Rightarrow \lambda = \frac{20}{10} = 2. \quad (14)$$

Por lo que obtenemos

$$\boxed{\vec{b} = 2\vec{i} + 6\vec{j}.} \quad (15)$$

Problema 0.5

Consideremos una función de temperatura en un punto (x, y, z) en el espacio dada por $T(x, y, z) = 4x^2 - 2y^2 + 3z^2$ en grados Celsius. Calcula el gradiente de la temperatura en el punto $P = (1, -1, 2)$.

Solución:

El gradiente de una función escalar $f(x, y, z)$ en tres dimensiones se define como el vector de sus derivadas parciales con respecto a cada dimensión. Para nuestra función $T(x, y, z)$, el gradiente es:

$$\vec{\nabla} T = \frac{\partial T}{\partial x} \vec{i} + \frac{\partial T}{\partial y} \vec{j} + \frac{\partial T}{\partial z} \vec{k}. \tag{16}$$

Calculamos las derivadas parciales de T con respecto a x, y, y z:

Con respecto a x:

$$\frac{\partial T}{\partial x} = 8x \tag{17}$$

Con respecto a y:

$$\frac{\partial T}{\partial y} = -4y \tag{18}$$

Y, por último, con respecto a z:

$$\frac{\partial T}{\partial z} = 6z \tag{19}$$

Entonces, el gradiente de T en cualquier punto (x, y, z) es:

$$\vec{\nabla} T = 8x\vec{i} - 4y\vec{j}i + 6z\vec{k}. \tag{20}$$

Sustituimos las coordenadas del punto P en esta expresión para encontrar el gradiente de la temperatura en ese punto:

$$\vec{\nabla} T|_P = 8 \cdot 1\vec{i} - 4 \cdot (-1)\vec{j} + 6 \cdot 2\vec{k}. \tag{21}$$

El gradiente de la temperatura en el punto P es $8\vec{i} 4 + \vec{j} + 12\vec{k}$. Esto significa que en el punto P, la dirección de máxima tasa de aumento de la temperatura es en la dirección del vector gradiente, y la tasa de aumento más rápida de la temperatura es proporcional a la magnitud de este vector gradiente.

Problema 0.6

Considera un campo vectorial que describe el flujo de un fluido incompresible en el espacio tridimensional, dado por $\vec{F}(x,y,z) = (y\vec{\imath} - x\vec{\jmath} + z\vec{k})$. Calcula la divergencia de $\vec{F}$ y demuestra que es cero, lo cual es consistente con la propiedad de incompresibilidad del fluido.

<u>Solución:</u>

La divergencia de un campo vectorial $\vec{F} = F_x\vec{\imath} + F_y\vec{\jmath} + F_z\vec{k}$ se define como:

$$\nabla \cdot \vec{F} = \frac{\partial F_x}{\partial x} + \frac{\partial F_y}{\partial y} + \frac{\partial F_z}{\partial z} \tag{22}$$

Para el campo vectorial dado, tenemos:

$F_x = y$, por lo que $\frac{\partial F_x}{\partial x} = 0$

$F_y = z$, por lo que $\frac{\partial F_y}{\partial y} = 0$

$F_z = x^2$, por lo que $\frac{\partial F_z}{\partial z} = 0$.

Si sustituimos estos valores en la expresión para la divergencia, obtenemos:

$$\nabla \cdot \vec{F} = 0 + 0 + 0 \tag{23}$$

En general, cuando tengamos un campo vectorial cuyas componentes no dependan de su coordenada la divergencia será cero.

Problema 0.7

Dado el campo vectorial $\vec{F} = x^2\vec{\imath} + y^2\vec{\jmath} + z^2\vec{k}$ en el espacio tridimensional, calcula el rotacional de $\vec{F}$.

<u>Solución:</u>

Para calcular el rotacional de un campo vectorial $\vec{F} = F_x\vec{\imath} + F_y\vec{\jmath} + F_z\vec{k}$, utilizamos la siguiente fórmula, que involucra el determinante de una matriz que incluye los vectores unitarios de la base $\vec{\imath}, \vec{\jmath}, \vec{k}$, las derivadas parciales respecto a las variables x, y, z, y las componentes del campo vectorial F_x, F_y, F_z:

$$\nabla \times \vec{F} = \begin{vmatrix} \vec{i} & \vec{j} & \vec{k} \\ \frac{\partial}{\partial x} & \frac{\partial}{\partial y} & \frac{\partial}{\partial z} \\ F_x & F_y & F_z \end{vmatrix} \qquad (24)$$

En nuestro caso, $F_x = x^2$, $F_y = y^2$, y $F_z = z^2$. Sustituyendo estos valores en la fórmula y calculando el determinante, obtenemos:

$$\nabla \times \vec{F} = \begin{vmatrix} \vec{i} & \vec{j} & \vec{k} \\ \frac{\partial}{\partial x} & \frac{\partial}{\partial y} & \frac{\partial}{\partial z} \\ x^2 & y^2 & z^2 \end{vmatrix} \qquad (25)$$

$$\nabla \times \vec{F} = \left(\frac{\partial z^2}{\partial y} - \frac{\partial y^2}{\partial z}\right)\vec{i} - \left(\frac{\partial z^2}{\partial x} - \frac{\partial x^2}{\partial z}\right)\vec{j} + \left(\frac{\partial y^2}{\partial x} - \frac{\partial x^2}{\partial y}\right)\vec{k} \qquad (26)$$

Calculamos las derivadas parciales:

$\frac{\partial z^2}{\partial y} = 0$ y $\frac{\partial y^2}{\partial z} = 0$ porque z^2 y y^2 no dependen de y y z, respectivamente.

$\frac{\partial z^2}{\partial x} = 0$ y $\frac{\partial x^2}{\partial z} = 0$ porque z^2 y x^2 no dependen de x y z, respectivamente.

$\frac{\partial y^2}{\partial x} = 0$ y $\frac{\partial x^2}{\partial y} = 0$ porque y^2 y x^2 no dependen de x y y, respectivamente.

Sustituyendo estos resultados, obtenemos:

$$\nabla \times \vec{F} = (0)\vec{i} - (0)\vec{j} + (0)\vec{k} = \vec{0} \qquad (27)$$

Por lo tanto, el rotacional del campo vectorial $\vec{F} = x^2\vec{i} + y^2\vec{j} + z^2\vec{k}$ es el vector cero, $\nabla \times \vec{F} = \vec{0}$. Esto indica que el campo vectorial $\vec{F}$ es irrotacional en el espacio tridimensional.

En general, un campo vectorial en el que cada componente solo depende de su coordenada es irrotacional debido a que esta operación realiza derivadas partciales de cada componente respecto de las otras coordenadas, como hemos podido comprobar en este problema.

Problema 0.8

Obtenga el valor del campo resultante de la operación $\vec{g}(\vec{r}) \cdot \vec{\nabla} \times \vec{h}(\vec{r})$, siendo $\vec{g}(\vec{r}) = x\vec{i} + z\vec{j}$ y $\vec{h}(\vec{r}) = 8x^2\vec{i} + (y+1)\vec{j} + x\vec{k}$.

Solución:

Tras esta operación obtendremos un campo escalar. En un primer paso, calculamos el rotacional $\vec{\nabla} \times \vec{h}(\vec{r})$. Como antes, suponemos que el sistema de referencia utilizado es dextrógiro:

$$\vec{\nabla} \times \vec{h}(\vec{r}) = \begin{vmatrix} \vec{i} & \vec{j} & \vec{k} \\ \frac{\partial}{\partial x} & \frac{\partial}{\partial y} & \frac{\partial}{\partial z} \\ 8x^2 & y+1 & x \end{vmatrix}$$

$$= \left(\frac{\partial x}{\partial y} - \frac{\partial (y+1)}{\partial z} \right) \vec{i} + \left(\frac{\partial 8x^2}{\partial z} - \frac{\partial x}{\partial x} \right) \vec{j} + \left(\frac{\partial (y+1)}{\partial x} - \frac{\partial 8x^2}{\partial y} \right) \vec{i}. \tag{28}$$

Tras hacer las derivadas nos queda simplemente que:

$$\vec{\nabla} \times \vec{h}(\vec{r}) = -\vec{j}. \tag{29}$$

Y, por último:

$$\vec{g}(\vec{r}) \cdot \vec{\nabla} \times \vec{h}(\vec{r}) = (x\vec{i} + z\vec{j}) \cdot (-\vec{j}) \quad \Rightarrow \quad \boxed{\vec{g}(\vec{r}) \cdot \vec{\nabla} \times \vec{h}(\vec{r}) = -z.} \tag{30}$$

Problema 0.9

Para el campo vectorial $\vec{M} = 3x^2 \vec{i} + z\vec{j} + (z^2 - 2)\vec{k}$ calcule su divergencia, el gradiente de su divergencia y el rotacional del gradiente de su divergencia.

Solución:

La divergencia de $\vec{M}$ la calculamos usando la definición:

$$\vec{\nabla} \cdot \vec{M} = \frac{\partial M_x}{\partial x} + \frac{\partial M_y}{\partial y} + \frac{\partial M_z}{\partial z} = \frac{\partial 3x^2}{\partial x} + \frac{\partial z}{\partial y} + \frac{\partial (z^2 - 2)}{\partial z}. \tag{31}$$

Y tenemos que la divergencia de $\vec{M}$ es:

$$\boxed{\vec{\nabla} \cdot \vec{M} = 6x + 2z.} \tag{32}$$

Calculamos el gradiente de lo anterior:

$$\vec{\nabla}(\vec{\nabla} \cdot \vec{M}) = \frac{\partial (6x + 2z)}{\partial x} \vec{i} + \frac{\partial (6x + 2z)}{\partial y} \vec{j} + \frac{\partial (6x + 2z)}{\partial z} \vec{k} \quad \Rightarrow \quad \boxed{\vec{\nabla}(\vec{\nabla} \cdot \vec{M}) = 6\vec{i} + 2\vec{k}.} \tag{33}$$

Es fácil ver que el rotacional de lo anterior es un vector nulo. En general, siempre que calculemos el rotacional de un gradiente obtendremos un vector nulo. Podemos decir que, para cualquier campo escalar, el rotacional de su gradiente siempre es cero, lo que demostramos en el problema 0.16.

Problema 0.10

Determine el laplaciano del campo vectorial $\vec{m} = 5xz\,\vec{\imath} + 6y^3\,\vec{\jmath} + 3xz^2\,\vec{k}$.

Solución:

El operador laplaciano es:

$$\nabla^2 = \frac{\partial^2}{\partial x^2} + \frac{\partial^2}{\partial y^2} + \frac{\partial^2}{\partial z^2}, \qquad (34)$$

que al aplicarlo a un campo vectorial cualquiera, $\vec{m} = m_x\,\vec{\imath} + m_y\,\vec{\jmath} + m_x\,\vec{k}$, nos da:

$$\nabla^2 \vec{m} = \nabla^2 m_x\,\vec{\imath} + \nabla^2 m_y\,\vec{\jmath} + \nabla^2 m_z\,\vec{k}. \qquad (35)$$

Aplicando el operador laplaciano a cada una de las componentes de este problema tenemos:

$$\nabla^2 m_x = \frac{\partial^2 5xz}{\partial x^2} + \frac{\partial^2 5xz}{\partial y^2} + \frac{\partial^2 5xz}{\partial z^2} = 0 + 0 + 0, \qquad (36)$$

$$\nabla^2 m_y = \frac{\partial^2 6y^3}{\partial x^2} + \frac{\partial^2 6y^3}{\partial y^2} + \frac{\partial^2 6y^3}{\partial z^2} = 0 + 36y + 0, \qquad (37)$$

y

$$\nabla^2 m_z = \frac{\partial^2 3xz^2}{\partial x^2} + \frac{\partial^2 3xz^2}{\partial y^2} + \frac{\partial^2 3xz^2}{\partial z^2} = 0 + 0 + 2x. \qquad (38)$$

Por lo que obtenemos el siguiente resultado:

$$\boxed{\nabla^2 \vec{m} = 36y\,\vec{\jmath} + 2x\,\vec{k}.} \qquad (39)$$

Problema 0.11

Calcule la circulación del campo vectorial $\vec{v} = x^4\,\vec{\imath} + 7\,\vec{\jmath} + (z^2 - 1)\,\vec{k}$ sobre la curva $\mathbb{C}$ dada por:

$$\vec{r}(t) = \cos(t)\,\vec{\imath} + \operatorname{sen}(t)\,\vec{k}, \qquad (40)$$

entre los puntos dados por los parámetros inicial $t_0 = 0$ y final $t_f = \pi$.

Solución:

En general, para calcular la circulación de un campo vectorial, $\vec{v} = v_x \vec{i} + v_y \vec{j} + v_z \vec{k}$, a lo largo de una trayectoria $\mathbb{C}$ dada en forma paramétrica por $\vec{r} = x(t)\vec{i} + y(t)\vec{j} + z(t)\vec{k}$, donde el parámetro t va desde t_0 a t_f, usamos la expresión:

$$\int_{\mathbb{C}} \vec{v} \cdot d\vec{r} = \int_{t_0}^{t_f} \left(v_x(t) \frac{dx(t)}{dt} + v_y(t) \frac{dy(t)}{dt} + v_z(t) \frac{dz(t)}{dt} \right) dt. \qquad (41)$$

En lo anterior tenemos que las componentes del campo vectorial están en función de t, cuando en realidad estas componentes vienen dadas en función de las coordenadas de cada punto. Para ponerlas en función del parámetro t solo tenemos que sustituir las coordenadas por las funciones $x(t)$, $y(t)$ y $z(t)$ de la ecuación paramétrica de la trayectoria de circulación. En este caso concreto, $x(t) = \cos(t)$, $y(t) = \text{sen}(t)$ y $z(t) = 0$, por lo que:

$$v_x(\vec{r}) = x^4 \quad \Rightarrow \quad v_x(t) = \cos^4(t), \qquad (42)$$

$$v_y(\vec{r}) = 7 \quad \Rightarrow \quad v_y(t) = 7, \qquad (43)$$

y

$$v_z(\vec{r}) = z^2 - 1 \quad \Rightarrow \quad v_z(t) = 0 - 1 = -1. \qquad (44)$$

Las derivadas de $x(t)$, $y(t)$ y $z(t)$ respecto de t son:

$$\frac{dx(t)}{dt} = \frac{d\cos(t)}{dt} = -\text{sen}(t), \quad \frac{dy(t)}{dt} = \frac{d\sin(t)}{dt} = \cos(t) \text{ y } \frac{dz(t)}{dt} = \frac{d0}{dt} = 0. \qquad (45)$$

Sustituyendo en la expresión tenemos:

$$\int_0^\pi \left(-\cos^4(t)\,\text{sen}(t) + 7\cos(t) - 1 \cdot 0 \right) dt = -\int_0^\pi \cos^4(t)\,\text{sen}(t)\,dt + 7\int_0^\pi \cos(t)\,dt. \qquad (46)$$

Calculamos las dos integrales, que son prácticamente integrales directas,

$$-\int_0^\pi \cos^4(t)\,\text{sen}(t)\,dt = \frac{1}{5} \cos^5(t)\Big|_0^\pi = \frac{1}{5}\left(\cos^5\pi - \cos^5 0 \right) = -\frac{2}{5}. \qquad (47)$$

$$\int_0^\pi \cos(t)\,dt = \text{sen}(t)\Big|_0^\pi = \text{sen}\,\pi - \text{sen}\,0 = 0. \qquad (48)$$

Luego la circulación es, en este caso, igual a

$$\boxed{\int_{\mathbb{C}} \vec{v} \cdot d\vec{r} = -\frac{2}{5}.} \qquad (49)$$

Problema 0.12

Para el campo escalar $\rho = 3x^3 + 2zy^2$ calcule su gradiente $\vec{\nabla}\rho$, y después la divergencia de ese gradiente: $\vec{\nabla} \cdot \vec{\nabla}\rho$. Por último calcule el laplaciano $\nabla^2 \rho$ y compare los resultados, ¿son iguales?

Solución:

El gradiente de ρ es:

$$\vec{\nabla}\rho = \frac{\partial \rho}{\partial x}\vec{i} + \frac{\partial \rho}{\partial y}\vec{j} + \frac{\partial \rho}{\partial z}\vec{k} = \frac{\partial(3x^3 + 2zy^2)}{\partial x}\vec{i} + \frac{\partial(3x^3 + 2zy^2)}{\partial y}\vec{i} + \frac{\partial(3x^3 + 2zy^2)}{\partial z}\vec{i}. \tag{50}$$

Tras hacer las derivadas tenemos:

$$\boxed{\vec{\nabla}\rho = 9x^2\vec{i} + 4zy\vec{j} + 2y^2\vec{k}.} \tag{51}$$

Hacemos la divergencia del campo vectorial anterior:

$$\vec{\nabla} \cdot \vec{\nabla}\rho = \frac{\partial}{\partial x}(9x^2) + \frac{\partial}{\partial y}(4zy) + \frac{\partial}{\partial z}(2y^2), \quad \Rightarrow \quad \boxed{\vec{\nabla} \cdot \vec{\nabla}\rho = 18x + 4z.} \tag{52}$$

Realmente, el operador laplaciano lo podemos considerar como el producto escalar del operador nabla por él mismo:

$$\nabla^2 = \vec{\nabla} \cdot \vec{\nabla} = \frac{\partial^2}{\partial x^2} + \frac{\partial^2}{\partial y^2} + \frac{\partial^2}{\partial z^2}. \tag{53}$$

Y comprobamos fácilmente que

$$\nabla^2 \rho = \frac{\partial^2 \rho}{\partial x^2} + \frac{\partial^2 \rho}{\partial y^2} + \frac{\partial^2 \rho}{\partial z^2}, \tag{54}$$

que es el mismo resultado.

Problema 0.13

El campo magnético $\vec{B}$ tiene divergencia cero siempre: $\vec{\nabla} \cdot \vec{B} = 0$, que es la ley de Gauss del campo magnético. ¿Es posible la existencia de un campo magnético dado por la expresión $\vec{B} = 5z\vec{i} + 3\vec{j} + 8z^3\vec{k}$?

Solución:

Si calculamos la divergencia del campo vectorial, $\vec{B}$, vemos que no es cero:

$$\vec{\nabla} \cdot \vec{B} = \frac{\partial B_x}{\partial x} + \frac{\partial B_y}{\partial y} + \frac{\partial B_z}{\partial z} = \frac{\partial}{\partial x}(5z) + \frac{\partial}{\partial y}(3,8) + \frac{\partial}{\partial z}(z^2) = 2z^2 \neq 0, \tag{55}$$

por lo que no es posible la existencia de un campo magnético dado por esa expresión.

Problema 0.14

En una región hay un campo vectorial $\vec{B} = 5\vec{\imath} + 12\vec{\jmath}$. ¿Cuál es el valor de flujo de $\vec{B}$ que atraviesa una superficie plana caracterizada por un vector $\vec{S} = \vec{\imath} + 2\vec{k}$?

Solución:

Cuando tenemos un campo vectorial que es constante sobre una superficie plana, el flujo de ese campo, Φ_B, sobre esa superficie se calcula, simplemente, por medio de:

$$\Phi_B = \vec{B} \cdot \vec{S}, \tag{56}$$

siendo $\vec{S}$ el vector que caracteriza esa superficie plana, que para este problema nos lo dan directamente en el enunciado. Por tanto, tenemos

$$\Phi_B = (5\vec{\imath} + 12\vec{\jmath}) \cdot \left(\vec{\imath} + 2\vec{k}\right) = 5 \cdot 1 + 12 \cdot 0 + 0 \cdot 2 \quad \Rightarrow \quad \boxed{\Phi_B = 5.} \tag{57}$$

Problema 0.15

Calcule el flujo de un campo vectorial, $\vec{v}$, dado $\vec{v} = 5\vec{\imath}$ que atraviesa una superficie cúbica de aristas paralelas a los ejes de un sistema de referencia y cuyo centro está situado en el origen de ese sistema de referencia. El tamaño de las aristas es a.

Solución:

Tenemos, como en el problema anterior, un campo vectorial que es constante. La superficie ahora es una superficie cerrada que podemos considerar la suma de seis superficies planas, por lo que podemos escribir el flujo Φ_v como la suma de los flujos sobre cada superficie:

$$\Phi_v = \sum_{i=1}^{6} \vec{v} \cdot \vec{S}_i, \tag{58}$$

donde $\vec{S}_i$ es el vector que caracteriza la superficie i. Para las dos caras paralelas al plano xy, tenemos

$$\vec{S}_1 = a^2 \vec{k} \quad \text{y} \quad \vec{S}_2 = -a^2 \vec{k}. \tag{59}$$

Estos dos vectores son perpendiculares a $\vec{v} = 5\vec{\imath}$, por lo que el flujo sobre cada una de estas dos caras es cero. Algo similar ocurre con las dos caras paralelas al plano xz:

$$\vec{S}_3 = a^2\vec{j} \quad \text{y} \quad \vec{S}_4 = -a^2\vec{j}. \tag{60}$$

Por lo tanto, solo tienen flujo distinto de cero las caras paralelas al plano yz, representadas por los vectores

$$\vec{S}_5 = a^2\vec{i} \quad \text{y} \quad \vec{S}_6 = -a^2\vec{i}, \tag{61}$$

El flujo total será, por tanto, la suma del flujo sobre estas dos caras.

$$\Phi_v = \vec{v}\cdot\vec{S}_5 + \vec{v}\cdot\vec{S}_6 = \vec{v}\cdot\left(\vec{S}_5 + \vec{S}_6\right) = \vec{v}\cdot\left(a^2\vec{i} - a^2\vec{i}\right) \Rightarrow \boxed{\Phi_v = 0.} \tag{62}$$

Problema 0.16

Demuestre que el rotacional de un gradiente es siempre cero, $\vec{\nabla} \times \vec{\nabla}f$, para cualquier campo escalar f.

Solución:

El gradiente de una función escalar cualquiera, $f(\vec{r})$, es:

$$\vec{\nabla}f = \frac{\partial f}{\partial x}\vec{i} + \frac{\partial f}{\partial y}\vec{j} + \frac{\partial f}{\partial z}\vec{k}, \tag{63}$$

y su rotacional sería:

$$\vec{\nabla}\times\vec{\nabla}f = \begin{vmatrix} \vec{i} & \vec{j} & \vec{k} \\ \frac{\partial}{\partial x} & \frac{\partial}{\partial y} & \frac{\partial}{\partial z} \\ \frac{\partial f}{\partial x} & \frac{\partial f}{\partial y} & \frac{\partial f}{\partial z} \end{vmatrix} = \left(\frac{\partial^2 f}{\partial y \partial z} - \frac{\partial^2 f}{\partial z \partial y}\right)\vec{i} + \left(\frac{\partial^2 f}{\partial z \partial x} - \frac{\partial^2 f}{\partial x \partial z}\right)\vec{j} + \left(\frac{\partial^2 f}{\partial x \partial y} - \frac{\partial^2 f}{\partial y \partial x}\right)\vec{k}, \tag{64}$$

Luego tenemos que

$$\boxed{\vec{\nabla}\times\vec{\nabla}f = \vec{0},} \tag{65}$$

ya que

$$\frac{\partial^2 f}{\partial y \partial z} = \frac{\partial^2 f}{\partial z \partial y}, \quad \frac{\partial^2 f}{\partial z \partial x} = \frac{\partial^2 f}{\partial x \partial z} \quad \text{y} \quad \frac{\partial^2 f}{\partial x \partial y} = \frac{\partial^2 f}{\partial y \partial x}; \tag{66}$$

el orden de las derivadas no altera el resultado.

Tema 1

Cinemática y dinámica de la partícula

> **Problema 1.1**
>
> Una partícula sigue una trayectoria dada por la ecuación vectorial $\vec{r}(t) = t^2\vec{i} + (t+2)\vec{j} + 4\vec{k}$, donde t es el tiempo. Calcule la velocidad, aceleración, componentes intrínsecas de la aceleración y el triedro móvil como una función del tiempo.

Solución:

La velocidad, $\vec{v}$, de una partícula cuya trayectoria en función del tiempo es $\vec{r}$ es:

$$\vec{v} = \frac{d\vec{r}}{dt}, \qquad (1.1)$$

en nuestro caso particular:

$$\vec{v} = \frac{d}{dt}(t^2)\vec{i} + \frac{d}{dt}(t+2)\vec{j} + \frac{d}{dt}(4)\vec{k} \Rightarrow \boxed{\vec{v} = 2t\vec{i} + \vec{j}.} \qquad (1.2)$$

La aceleración, $\vec{a}$ es:

$$\vec{a} = \frac{d\vec{v}}{dt} = \frac{dv_x}{dt}\vec{i} + \frac{dv_y}{dt}\vec{j} + \frac{dv_z}{dt}\vec{k} = \frac{d}{dt}(2t)\vec{i} + \frac{d}{dt}(1)\vec{j} + \frac{d}{dt}(0)\vec{k} \Rightarrow \boxed{\vec{a} = 2\vec{i}} \qquad (1.3)$$

Las componentes intrínsecas de la aceleración son la aceleración tangencial, a_t, y la aceleración centrípeta, a_c, dadas por:

$$a_t = \frac{dv}{dt}, \quad y \quad a_c = v^2/r, \tag{1.4}$$

siendo v el módulo de la velocidad (celeridad) y r el radio de curvatura de la trayectoria. Esta componentes nos permiten escribir la aceleración de una partícula como:

$$\vec{a} = a_t \vec{e}_t + a_c \vec{e}_n, \tag{1.5}$$

donde $\vec{e}_t$ es un vector unitario tangente a la trayectoria en cada punto y $\vec{e}_n$ es un vector unitario normal a la trayectoria en cada punto y que apunta hacia el centro de curvatura de la trayectoria. A partir del conocimiento de $\vec{v}$ y $\vec{a}$, podemos obtener estas componentes directamente usando las expresiones:

$$a_t = \frac{\vec{a} \cdot \vec{v}}{v} \quad y \quad a_c = \frac{|\vec{a} \times \vec{v}|}{v}. \tag{1.6}$$

Primero calculamos el módulo de la velocidad en función del tiempo t:

$$v = \sqrt{v_x^2 + v_y^2 + v_z^2} = \sqrt{4t^2 + 1}. \tag{1.7}$$

En segundo lugar, calculamos el producto escalar de la velocidad y la aceleración:

$$\vec{a} \cdot \vec{v} = a_x v_x + a_y v_y + a_z v_z = 2 \cdot 2t + 0 \cdot 1 + 0 \cdot 0 = 4t. \tag{1.8}$$

Por lo que la componente tangencial de la aceleración en el instante t es:

$$\boxed{a_t = \frac{4t}{\sqrt{4t^2 + 1}}.} \tag{1.9}$$

Para calcular la aceleración centrípeta necesitamos obtener el módulo del producto vectorial de la aceleración por la velocidad:

$$\vec{a} \times \vec{v} = \begin{vmatrix} \vec{i} & \vec{j} & \vec{k} \\ a_x & a_y & a_z \\ v_x & v_y & v_z \end{vmatrix} = \begin{vmatrix} \vec{i} & \vec{j} & \vec{k} \\ 2 & 0 & 0 \\ 2t & 1 & 0 \end{vmatrix} = 2\vec{k}, \tag{1.10}$$

cuyo módulo es 2. Luego la aceleración centrípeta en función del tiempo t es:

$$\boxed{a_c = \frac{2}{\sqrt{4t^2 + 1}}.} \tag{1.11}$$

Vamos ahora a calcular el triedro móvil, que está formado por los vectores unitarios tangente, normal y binormal, $\vec{e}_t$, $\vec{e}_n$ y $\vec{e}_b$, donde este último está definido como $\vec{e}_b = \vec{e}_t \times \vec{e}_n$. El vector uniterio tangente lo obgtenemos a partir de:

$$\vec{v} = v\vec{e}_t, \quad \Rightarrow \quad \vec{e}_t = \frac{\vec{v}}{v}, \quad \Rightarrow \quad \boxed{\vec{e}_t = \frac{2t}{\sqrt{4t^2+1}}\vec{i} + \frac{1}{\sqrt{4t^2+1}}\vec{j}.} \qquad (1.12)$$

Para obtener el vector unitario normal, usamos:

$$\vec{a} = a_t\vec{e}_t + a_c\vec{e}_n, \quad \Rightarrow \quad \vec{e}_n = \frac{\vec{a} - a_t\vec{e}_t}{a_c}, \qquad (1.13)$$

sustituyendo obtenemos:

$$\boxed{\vec{e}_n = \frac{1}{\sqrt{4t^2+1}}\vec{i} - \frac{2t}{\sqrt{4t^2+1}}\vec{j}.} \qquad (1.14)$$

Terminamos calculando el vector binormal:

$$\vec{e}_b = \vec{e}_t \times \vec{e}_n = \begin{vmatrix} \vec{i} & \vec{j} & \vec{k} \\ \frac{2t}{\sqrt{4t^2+1}} & \frac{1}{\sqrt{4t^2+1}} & 0 \\ \frac{1}{\sqrt{4t^2+1}} & -\frac{2t}{\sqrt{4t^2+1}} & 0 \end{vmatrix}, \quad \Rightarrow \quad \boxed{\vec{e}_b = -\vec{k}.} \qquad (1.15)$$

Problema 1.2

Una partícula sigue una trayectoria, $r(t)$, dada por la ecuación vectorial

$$r(t) = 5t\vec{i} + 6\cos(10t)\vec{j} + 6\,\text{sen}\,(10t)\vec{k}. \qquad (1.16)$$

Calcule al aceleración en cualquier instante y diga qué tipo de aceleración es.

Solución:

Para calcular la aceleración vamos primero a calcular la velocidad, $\vec{v}$, en cualquier instante

$$\vec{v} = \frac{d\vec{r}}{dt} = \frac{d}{dt}(5t)\vec{i} + \frac{d}{dt}(6\cos(10t))\vec{j} + \frac{d}{dt}(6\,\text{sen}\,(10t))\vec{k}. \qquad (1.17)$$

Haciendo las derivadas tenemos

$$\vec{v} = 5\vec{i} - 60\,\text{sen}\,(10t)\vec{j} + 60\cos(10t). \qquad (1.18)$$

Derivamos la velocidad respecto del tiempo y obtenemos el vector aceleración, $\vec{a}$,

$$\vec{a} = \frac{d}{dt}(5)\vec{i} + \frac{d}{dt}(-60\,\text{sen}\,(10t))\vec{j} + \frac{d}{dt}(60\cos(10t))\vec{k}, \qquad (1.19)$$

que tras hacer las derivadas nos queda

$$\boxed{\vec{a} = -600\cos(10t)\vec{j} - 600\,\text{sen}\,(10t).} \tag{1.20}$$

Es fácil comprobar que esta aceleración es una aceleración centrípeta, sin componente intrínseca de acelaración tangencial. Para ello hacemos el producto escalar de $\vec{a}$ con $\vec{v}$

$$\vec{a} \cdot \vec{v} = (5\vec{i} - 60\,\text{sen}\,(10t)\vec{j} + 60\cos(10t)) \cdot (-600\cos(10t)\vec{j} - 600\,\text{sen}\,(10t))$$
$$= 36000\,\text{sen}\,(10t)\cos(10t) - 36000\cos(10t)\,\text{sen}\,(10t) \Rightarrow \vec{a} \cdot \vec{v} = 0, \tag{1.21}$$

por lo que $\vec{a}$ y $\vec{v}$ son vectores perpendiculares, esto es, $\vec{a}$ es perpendicular a la trayectoria en cualquier punto, luego es una aceleración centrípeta. Este tipo de trayectorias son conocidas como trayectorias helicoidales o en hélice. En este caso, tenemos una partícula describiendo una trayectoria circular en el plano yz, acompañada de un desplazamiento en el eje x.

Problema 1.3

Colocamos una partícula de 20 gramos en el origen de un sistema de referencia y le imprimimos una velocidad inicial de 2 m/s según el eje y. Si esa partícula está sujeta a un campo de fuerzas, $\vec{F}$, dado por la expresión:

$$\vec{F} = 5(t-1)\vec{i} + 7\vec{j} \quad (N), \tag{1.22}$$

calcule su vector de posición como una función del tiempo.

Solución:

Según la segunda ley de Newton, sabemos que la aceleración, $\vec{a}$, que sufre la partícula en cualquier instante viene dada por

$$\vec{a} = \frac{\vec{F}}{m} = \frac{5(t-1)\vec{i} + 7\vec{j}}{20 \cdot 10^{-3}} = 2{,}5 \cdot 10^3(t-1)\vec{i} + 350\vec{j} \text{ m/s}^2. \tag{1.23}$$

Usando $\vec{a} = d\vec{v}/dt$, escribimos la velocidad en el instante t, $\vec{v}(t)$, como

$$\vec{v}(t) = \int \vec{a}\,dt + \vec{v}_0 = \int \left(2{,}5 \cdot 10^3(t-1)\vec{i} + 350\vec{j}\right)dt + \vec{v}_0, \tag{1.24}$$

donde $\vec{v}_0$ es la velocidad inicial: $\vec{v}_0 = 2\vec{j}$ m/s. Integrando y usando el valor de $\vec{v}_0$, tenemos que la velocidad en cualquier instante es

$$\vec{v}(t) = 2{,}5 \cdot 10^3 \left(\frac{t^2}{2} - t\right)\vec{i} + (350t + 2)\vec{j} \text{ m/s}. \tag{1.25}$$

Por último, a partir de la definición de velocidad, $\vec{v} = d\vec{r}/dt$, tenemos que el vector de posición de la partícula cualquier instante viene dado por

$$\vec{r}(t) = \int \vec{v} dt + \vec{r}_0 = \int \left(2{,}5 \cdot 10^3 \left(\frac{t^2}{2} - t\right) \vec{i} + (350t + 2) \vec{j}\right) dt + \vec{r}_0, \quad (1.26)$$

donde $\vec{r}_0$ es la posición inicial, en nuestro caso $\vec{r}_0 = (0,0,0)$. Integrando lo anterior

$$\boxed{\vec{r}(t) = 2{,}5 \cdot 10^3 \left(\frac{t^3}{6} - \frac{t^2}{2}\right) \vec{i} + \left(175 t^2 + 2t\right) \vec{j} \text{ m/s.}} \quad (1.27)$$

Problema 1.4

Calcule el vector velocidad angular $\vec{\omega}$ de una partícula que describe un movimiento circular en el plano xz dando 5 vueltas por minuto.

Solución:

El módulo del vector $\vec{\omega}$ lo calculamos usando el hecho de que el ángulo descrito en 60 segundos es igual a $5 \cdot 2\pi = 10\pi$ rad, luego:

$$\omega = \frac{10\pi}{60} = \frac{1}{6}\pi \text{ rad/s.} \quad (1.28)$$

Al ser el movimiento en el plano xz, la dirección del vector $\vec{\omega}$ es el eje y, y escribimos:

$$\vec{\omega} = \pm \frac{1}{6}\pi \vec{j} \text{ rad/s,} \quad (1.29)$$

donde el signo, esto es, el sentido del vector, nos lo determina el sentido de movimiento. Podemos emplear la regla de la mano derecha para determinar el sentido de $\vec{\omega}$: si ponemos los dedos de la mano derecha con el mismo sentido de rotación de la partícula, el pulgar nos indica el sentido de $\vec{\omega}$.

Problema 1.5

Hacemos girar, partiendo del reposo, un objeto de 3 kg de masa en círculos de 2 m de radio. Si la aceleración angular que le imprimimos es de 0,7 rad/s, ¿cuál es la aceleración centrípeta del objeto en cualquier instante?

Solución:

Al imprimir una aceleración constante sobre el objeto, podemos decir que la velocidad angular, ω, es

$$\omega = \alpha t \quad \Rightarrow \quad \omega = 0,7t \text{ rad/s}^2. \tag{1.30}$$

La velocidad tangencial, v, en cualquier instante, por ser un movimiento circular, es

$$v = \omega R, \tag{1.31}$$

donde R es el radio del círculo descrito. Usando la definición de aceleración centrípeta

$$a_c = \frac{v^2}{R} \quad \Rightarrow \quad a_c = \omega^2 R, \tag{1.32}$$

y tenemos, por tanto,

$$a_c = 0{,}7^2 t^2 R \quad \Rightarrow \quad \boxed{a_c = 0{,}98 t^2 \text{ rad/s}^2.} \tag{1.33}$$

Problema 1.6

Calcule la fuerza centrífuga que experimenta un objeto de masa m en la superficie de la tierra en función de su latitud.

Solución:

La latitud, λ, es el ángulo que forma el vector de posición de un punto en la superficie de la tierra respecto del centro de la tierra con el plano ecuatorial. Los puntos en el ecuador tienen latitud cero, mientras que en los polos la latitud es de 90°, para el polo norte, y de −90°, para el polo sur. La fuerza centrífuga, que es una fuerza ficticia por ser la tierra un sistema de referencia no inercial, la podemos calcular por medio de la expresión:

$$F_c = m\omega^2 r, \tag{1.34}$$

siendo ω la velocidad angular de rotación de la tierra y r el radio del círculo descrito por cada punto de la superficie de la tierra. Este radio

r depende de la latitud λ. Llamando R_T al radio de la tierra, el radio del círculo, r, viene dado por:

$$r = R_T \cos \lambda. \tag{1.35}$$

La velocidad angular, ω, de la tierra viene dada por:

$$\omega = \frac{2\pi}{T}, \tag{1.36}$$

donde T es el tiempo que la tierra tarda en dar una vuelta completa sobre su eje. Este tiempo no son exactamente 24 horas, que corresponde al día solar, sino 23 horas 56 minutos y 4 segundos, que corresponde a lo que se conoce como día sidéreo, esto es, unos 86.164 segundos,

$$\omega = \frac{2\pi}{T} = \frac{2\pi}{86164} \quad \Rightarrow \quad \omega = 73 \; \mu\text{rad/s}. \tag{1.37}$$

El radio de la tierra es $R_T = 6371$ km, luego:

$$F_c = m\omega^2 R_T \cos(\lambda) = m(73 \cdot 10^{-6})^2 \cdot 6371 \cdot 10^3 \cos(\lambda) \quad \Rightarrow \quad \boxed{F_c = m \cdot 33{,}9 \cos \lambda \; \text{mN}.}$$
$$\tag{1.38}$$

En la figura vemos que esta fuerza centrífuga no actúa, en general, sobre la vertical en cada punto de la superficie. Podemos descomponerla en una componente vertical y otra horizontal cuyos módulos encontramos multiplicando F_c por el coseno y el seno de la latitud, respectivamente.

Problema 1.7

Obtenga la aceleración máxima de un tren para que no deslice un objeto situado en el suelo de uno de sus vagones en función del coeficiente de rozamiento estático, μ_e, entre el objeto y el suelo del vagón. Hágalo desde el punto de un observador en un sistema de referencia inercial y un observador en uno no inercial.

Solución:

Desde el punto de vista de un sistema de referencia inercial, el objeto se mueve con la misma aceleración del tren debido a la existencia de rozamiento estático que proporciona la fuerza necesaria. Esto es, en cualquier momento la fuerza de rozamiento, f_r, vale:

$$f_r = ma, \tag{1.39}$$

donde m es la masa del objeto y a la aceleración con la que se mueve el objeto (la misma que el tren). Esta fuerza de rozamiento tiene un valor máximo, $f_{r;\text{máx}}$, dado por:

$$f_{r;\text{máx}} = \mu_e m g, \tag{1.40}$$

luego cuando la fuerza de rozamiento alcance su valor máximo, $f_r = f_{r;\text{máx}}$, el objeto comenzará a deslizar. Por lo que tenemos:

$$m a_{\text{máx}} = \mu_e m g \;\Rightarrow\; \boxed{a_{\text{máx}} = \mu_e g.} \tag{1.41}$$

Desde el punto de vista de un observador cuyo sistema de referencia sea el propio tren, un sistema no inercial, todos los objetos están sujetos a una fuerza ficticia que produce una aceleración igual a la del tren, pero de sentido contrario. En este caso, tenemos que el objeto está en reposo en este sistema de referencia, luego la suma de todas las fuerzas tiene que ser cero. Es decir, la fuerza ficticia es cancelada por el rozamiento. Cuando la fuerza ficticia alcance el valor máximo de la fuerza de rozamiento el objeto comenzará a moverse. Igualando la fuerza de inercia con el valor máximo de la fuerza de rozamiento llegamos al mismo resultado que anteriormente.

Problema 1.8

Tenemos una cuerda que es capaz de resistir una tensión máxima $T_{\text{máx}} = 50$ N. Si hacemos girar con un radio de 70 cm un objeto de masa $m=3$ kg atado a esa cuerda. ¿Cuál es el número máximo de vueltas por minuto a la que lo podemos hacer girar para que la cuerda no se rompa?

Solución:

La tensión de la cuerda actúa de fuerza centrípeta, F_c, que aumenta con el cuadrado de la velocidad de giro:

$$F_c = m \frac{v^2}{r} = m \omega^2 r. \tag{1.42}$$

Siendo r el radio del círculo descrito. Si igualamos lo anterior con el valor máximo de tensión que soporta la cuerda obtenemos la velocidad máxima:

$$T_{\text{máx}} = m \omega_{\text{máx}}^2 r \;\Rightarrow\; \omega_{\text{máx}} = \sqrt{\frac{T_{\text{máx}}}{mr}} \;\Rightarrow\; \omega_{\text{máx}} = \sqrt{\frac{50}{3 \cdot 0{,}7}} = 4{,}88 \text{ rad/s}. \tag{1.43}$$

En el enunciado nos lo piden en vueltas (o revoluciones) por minuto. Para esto dividimos ω entre 2π, para pasar a vueltas por segundo, y multiplicamos por 60.

$$\frac{4,88}{2\pi} \cdot 60 \quad \Rightarrow \quad \boxed{46,6 \text{ r.p.m.}} \tag{1.44}$$

Problema 1.9

Obtenga el ángulo máximo de un plano inclinado para que no deslice un objeto situado sobre él si el coeficiente de rozamiento estático entre el objeto y el plano es μ_e.

Solución:

En la figura vemos el diagrama de las fuerzas que actúan sobre el objeto.

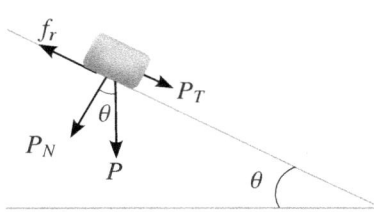

Tenemos el peso, P, que podemos descomponer según su componente normal, P_N, y tangencial al plano, P_T. Estas componentes están relacionadas con el peso por medio del ángulo θ, que forma la vertical con la normal al plano, que es el mismo ángulo de inclinación del plano.

$$P_N = P\cos\theta = mg\cos\theta \quad \text{y} \quad P_T = P\,\text{sen}\,\theta = mg\,\text{sen}\,\theta. \tag{1.45}$$

Donde m es la masa del objeto sobre el plano. El objeto no deslizará mientras la componente tangencial del peso sea inferior al valor máximo de la fuerza de rozamiento estático, que es:

$$f_{r;\text{máx}} = \mu_e N, \tag{1.46}$$

donde N es la fuerza normal que mantiene las superficies en contacto, en nuestro caso la componente normal del peso, P_N. Conforme aumentamos el ángulo θ, el valor de P_N va disminuyendo, mientras que el de la componente tangencial del peso, P_T, va aumentando. Cuando el ángulo θ sea tal que $f_{r;\text{máx}} = P_T$, el objeto comenzará a deslizar. Igualando:

$$\mu_e \cancel{mg}\cos\theta_{\text{máx}} = \cancel{mg}\,\text{sen}\,\theta_{\text{máx}} \quad \Rightarrow \quad \mu_e = \tan\theta_{\text{máx}}. \tag{1.47}$$

o bien:

$$\boxed{\theta_{\text{máx}} = \tan^{-1}\mu_e} \tag{1.48}$$

Problema 1.10

Lanzamos un objeto verticalmente hacia arriba desde el suelo con una velocidad inicial $v_0 = 20$ m/s. Queremos encontrar la altura máxima, h_{max}, que alcanza el objeto y el tiempo, t_{max}, que tarda en llegar a esa altura máxima, considerando la aceleración debida a la gravedad, g, como una constante negativa, $g = -9{,}8$ m/s^2.

Solución:

Para encontrar el tiempo, t_{max}, que tarda en llegar a la altura máxima, usamos la fórmula de la velocidad final en movimiento uniformemente acelerado, considerando que en el punto más alto la velocidad es 0 (el objeto se detiene momentáneamente antes de comenzar a caer):

$$0 = v_0 + g \cdot t_{max} \tag{1.49}$$

Despejando t_{max}:

$$t_{max} = \frac{-v_0}{g} = 2{,}04 \text{ s}. \tag{1.50}$$

Para encontrar la altura máxima, h_{max}, usamos la fórmula de la posición en el movimiento uniformemente acelerado:

$$h_{max} = v_0 \cdot t_{max} + \frac{1}{2} g \cdot t_{max}^2 \tag{1.51}$$

Sustituyendo numéricamente encontramos que la altura máxima que alcanza el objeto es aproximadamente 20,41 metros.

Problema 1.11

Dejamos caer un objeto, partiendo del reposo, desde una altura h por un plano inclinado un ángulo θ. Deduzca una expresión que nos permita obtener el tiempo que necesita ese objeto para llegar al final del plano inclinado en función del coeficiente de rozamiento cinético μ_c, la altura h y el ángulo θ de inclinación del plano.

Solución:

En la figura tenemos, como en el problema 1.9, el diagrama de las fuerzas que actúan sobre el objeto. Al igual que antes, tenemos el peso, P

que podemos descomponer según su componente normal, P_N, y tangencial al plano, P_T. Estas componentes están relacionadas con el peso por medio del ángulo θ, que forma la vertical con la normal al plano, que es el mismo ángulo de inclinación del plano, como dijimos anteriormente.

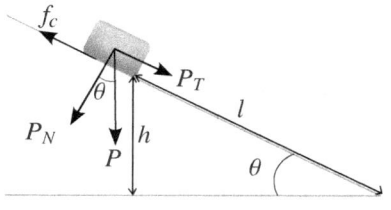

$$P_N = P \cos \theta = mg \cos \theta \quad \text{y} \quad P_T = P \sen \theta = mg \sen \theta. \tag{1.52}$$

La componente normal del peso es compensada por la reacción del plano, por lo que la fuerza neta, F, que actúa sobre el objeto es tangencial al plano y la podemos escribir como la diferencia entre la componente tangencial, P_T, del peso y la fuerza de rozamiento f_r:

$$F = P_T - f_r \quad \Rightarrow \quad \cancel{m}a = \cancel{m}g \sen \theta - \mu_c \cancel{m}g \cos \theta. \tag{1.53}$$

Donde hemos usado la segunda ley de Newton, $F = ma$, siendo a la aceleración con la que cae el objeto. Por lo tanto, el objeto cae con una aceleración constante, a, dada por:

$$a = g (\sen \theta - \mu_c \cos \theta). \tag{1.54}$$

Si el objeto cae partiendo del reposo, la distancia recorrida en función del tiempo la obtenemos por medio de:

$$s = \frac{1}{2} at^2 = \frac{1}{2} g (\sen \theta - \mu_c \cos \theta) t^2. \tag{1.55}$$

Lo que queremos es una expresión que nos diga el tiempo requerido para, partiendo desde una altura h, el objeto llegue al suelo, esto es, recorra una distancia $l = h/\sen \theta$, ver figura. Luego podemos calcular el tiempo cambiando s por l en la expresión (1.55) y despejando t.

$$\frac{h}{\sen \theta} = \frac{1}{2} g (\sen \theta - \mu_c \cos \theta) t^2 \quad \Rightarrow \quad \boxed{t = \sqrt{\frac{2h}{g (\sen^2 \theta - \mu_c \sen \theta \cos \theta)}}} \tag{1.56}$$

Cuando $\sen^2 \theta \leq \mu_c \sen \theta \cos \theta$ o bien $\tan \theta \leq \mu_c$, nos saldría un tiempo imaginario, raíz cuadrada de un número negativo. Esto es así porque, dependiendo del coeficiente de rozamiento μ_c, hay un ángulo mínimo por debajo del cual el objeto no deslizaría. Compare esto último con el resultado del problema 1.9.

Problema 1.12

Un astronauta de 70 kg de masa está en una estación espacial orbitando a una distancia al centro de la Tierra unas 5 veces el radio terrestre. ¿Con qué fuerza lo atrae la Tierra? ¿Cuál es su peso aparente?

Solución:

Sabemos que la fuerza con la que la tierra atrae a un objeto de masa m viene dada por la ley de Newton de la gravitación:

$$F_G(r) = G\frac{M_T m}{r^2}, \qquad (1.57)$$

donde G es la constante de la Gravitación Universal, M_T es la masa de la tierra y R_T su radio. Podríamos buscar estos valores para resolver el problema del enunciado, pero en este caso no es necesario. Sabemos que, en la superficie de la tierra, un objeto de masa m sufre una fuerza dada por $F_G(R_T) = mg$, donde $g = 9,8$ m/s^2 es la aceleración de la gravedad en la superficie terrestre y, también que esa misma fuerza la podemos calcular como:

$$F_G(R_T) = F_G(r) = G\frac{M_T m}{R_T^2}, \qquad (1.58)$$

luego:

$$F_G(r = 5R_T) = F_G(r) = G\frac{M_T m}{(5R_T)^2} = F_G(r) = G\frac{M_T m}{25R_T^2} = \frac{1}{25}F_G(R_T) = \frac{mg}{25}. \qquad (1.59)$$

Sustituyendo los valores numéricos del problema tenemos:

$$F_G(r) = \frac{70 \cdot 9{,}8}{25} \quad \Rightarrow \quad \boxed{F_G = 27{,}44 \text{ N.}} \qquad (1.60)$$

Podemos decir que ese objeto pesa 27,44 N o 2,8 kilopondios o kilogramos fuerza usando el sistema técnico de unidades. El peso aparente se define como la fuerza que un cuerpo ejerce sobre lo que sea que lo sostenga. En este caso, los objetos en la estación espacial están en caída libre, por lo que su peso aparente es cero y decimos que están *ingrávidos*, aunque en realidad sí que tienen peso, que es la fuerza con la que la gravedad de la tierra los atrae.

Problema 1.13

Una nave espacial tiene una forma cilíndrica con un largo de $l=30$ m. ¿Cómo podríamos conseguir que en sus extremos haya un *campo gravitatorio* similar al de la superficie terrestre?

Solución:

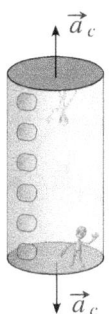

Si hacemos girar esa nave respecto de un eje perpendicular al eje del cilindro todos los objetos en su interior sufrirán una fuerza ficticia por ser la nave un sistema de referencia no inercial. Hagamos, además, que este eje de giro pase por en centro de la nave. La fuerza ficticia producirá sobre un objeto una aceleración centrífuga, a_c, igual a:

$$a_c = \omega^2 l \frac{1}{2}, \qquad (1.61)$$

siendo ω la velocidad angular de giro. Hacemos que la aceleración experimentada sea igual a g:

$$\omega^2 l \frac{1}{2} = g \;\Rightarrow\; \omega = \sqrt{\frac{2g}{l}} = \sqrt{\frac{2\cdot 9{,}8}{30}} \;\Rightarrow\; \boxed{\omega = 0{,}808 \text{ rad/s.}} \qquad (1.62)$$

Si dividimos lo anterior entre 2π obtendremos las vueltas por segundo. Si tras eso, multiplicamos por 60 tendremos las vueltas, o revoluciones, por minuto (rpm):

$$\frac{0{,}808}{2\pi} \cdot 60 = \boxed{7{,}7 \text{ rpm.}} \qquad (1.63)$$

Problema 1.14

Calcule la velocidad con la que se mueve la lenteja de un péndulo simple en función del ángulo con la vertical y diga cuánto vale su valor máximo.

Solución:

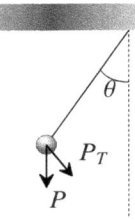

En un péndulo simple la masa de la varilla es despreciable frente a la masa de la lenteja. Este problema es habitual resolverlo por medio de consideraciones energéticas, pero aquí vamos a estudiarlo como un ejemplo de uso de la dinámica. En la figura vemos que la componente

83

tangencial del peso es la que produce la aceleración. La componente normal es, evidentemente, cancelada por la reacción de la varilla. El ángulo entre la componente tangencial del peso y el peso es el mismo ángulo, θ, que hay entre la varilla y la vertical. Podemos escribir la aceleración del péndulo como:

$$a = -g \operatorname{sen} \theta. \tag{1.64}$$

El signo negativo es debido a que, si medimos el ángulo en la figura como positivo desde la vertical hacia la varilla, la aceleración apunta en sentido contrario. Por la definición de la aceleración:

$$\frac{dv}{dt} = -g \operatorname{sen} \theta \quad \Rightarrow \quad dv = -g \operatorname{sen} \theta dt = -g \operatorname{sen} \theta \frac{dt}{d\theta} d\theta. \tag{1.65}$$

Donde podemos separar variables usando la definición de velocidad angular:

$$\omega = \frac{d\theta}{dt} \quad \Rightarrow \quad \frac{1}{\omega} = \frac{dt}{d\theta} \quad \text{y} \quad v = \omega L, \tag{1.66}$$

donde L es la longitud de la varilla.

$$dv = -\frac{L}{v} g \operatorname{sen} \theta \, d\theta \quad \Rightarrow \quad v \, dv = -gL \operatorname{sen} \theta \, d\theta. \tag{1.67}$$

Expresión que podemos integrar. Suponemos que soltamos el péndulo desde una inclinación inicial θ_0 partiendo del reposo, esto es, $v(\theta_0) = 0$, e integramos desde el ángulo inicial, θ_0, hasta un ángulo arbitrario θ:

$$\int_{v(\theta_0)}^{v(\theta)} v \, dv = -gL \int_{\theta_0}^{\theta} \operatorname{sen} \theta \, d\theta \quad \Rightarrow \quad \frac{1}{2} \left(v^2(\theta) - v^2(\theta_0) \right) = gL \left(\cos \theta - \cos \theta_0 \right). \tag{1.68}$$

Como $v(\theta_0) = 0$, podemos despejar para tener la velocidad del péndulo como una función del ángulo θ,

$$\boxed{v(\theta) = \sqrt{2gL(\cos \theta - \cos \theta_0)}.} \tag{1.69}$$

Obteniendo el valor máximo cuando la lenteja está en su posición más baja, cuando $\theta = 0$. Luego, el valor máximo de la velocidad, $v_{\text{máx}}$ es:

$$\boxed{v_{\text{máx}} = \sqrt{2gL(1 - \cos \theta_0)}.} \tag{1.70}$$

Problema 1.15

Tenemos un bloque de masa m que se desliza sobre una superficie horizontal sin fricción. El bloque está unido a una cuerda que pasa por una polea de masa despreciable. Al otro extremo de la cuerda hay otro bloque de masa M colgando verticalmente. Determine la aceleración de los bloques y la tensión en la cuerda, asumiendo que no hay fricción en la polea ni en la superficie horizontal. Haga los cálculos suponiendo que la masa del bloque sobre la superficie horizontal, m, es de 5 kg y que la masa del bloque colgando, M, es de 10 kg.

Solución:

La segunda ley de Newton, $F = ma$, se aplicará a ambos bloques. Para el bloque que cuelga, M, la única fuerza que actúa en la dirección del movimiento es el peso, $M \cdot g$, mientras que la tensión, T, actúa en la dirección opuesta. Para el bloque sobre la superficie, m, la única fuerza horizontal es la tensión, T.

Para el bloque M tenemos que:

$$Mg - T = Ma \tag{1.71}$$

Mientras que para el bloque m:

$$T = ma \tag{1.72}$$

Resolviendo este sistema de ecuaciones, podemos encontrar la aceleración a y la tensión T:

$$Mg - ma = Ma \quad \Rightarrow \quad a = \frac{Mg}{M+m} = \frac{10 \cdot 9{,}8}{10+5} \quad \Rightarrow \quad \boxed{a = 6{,}53 \text{ m/s}^2.} \tag{1.73}$$

La tensión T la obtenemos a partir de (1.72),

$$T = 5 \cdot 6{,}53 \quad \Rightarrow \quad \boxed{T = 32{,}65 \text{ N.}} \tag{1.74}$$

Problema 1.16

Aplicamos una fuerza F en horizontal a un objeto de masa m_1 =50 kg que está sobre una superficie sin rozamiento. Sobre este objeto situamos otro de masa m_2 =3 kg. Calcule el coeficiente de rozamiento entre m_1 y m_2 si

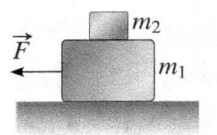

sabemos que m_2 empieza a deslizar cuando la fuerza alcanza los 300 N.

Solución:

La fuerza de rozamiento estático, f_r, es la que hace que m_2 se mueva con la misma aceleración que m_1, por lo que

$$f_r = m_2 a. \qquad (1.75)$$

El objeto de arriba comenzará a deslizar cuando esta fuerza sea igual al valor máximo de la fuerza de rozamiento, $f_{r;\text{máx}}$, que en este caso viene dado por

$$f_{r;\text{máx}} = \mu_e m_2 g. \qquad (1.76)$$

Con esto podemos calcular la aceleración máxima, $a_{\text{máx}}$,

$$\not{m_2} a_{\text{máx}} = \mu_e \not{m_2} g \quad \Rightarrow \quad a_{\text{máx}} = \mu_e g. \qquad (1.77)$$

Sabemos que esta aceleración se alcanza cuando la fuerza es igual a 30 N,

$$F_{\text{máx}} = (m_1 + m_2) a_{\text{máx}} \quad \Rightarrow \quad F_{\text{máx}} = (m_1 + m_2) \mu_e g \quad \Rightarrow \quad \mu_e = \frac{F_{\text{máx}}}{g(m_1 + m_2)}. \qquad (1.78)$$

Sustituyendo los valores numéricos tenemos

$$\mu_e = \frac{300}{(50 + 3) \cdot 9{,}8} \quad \Rightarrow \quad \boxed{\mu_e = 0{,}58.} \qquad (1.79)$$

Problema 1.17

Sobre un objeto de 3 kg de masa vamos a aplicar una fuerza de 40 N para desplazarlo sobre una superficie horizontal. Si entre el objeto y esa superficie hay rozamiento con un coeficiente de rozamiento cinético $\mu_c = 0{,}7$, calcule el ángulo que debe formar esa fuerza con la horizontal para que la aceleración con que se mueve el objeto tenga el máximo valor posible.

Solución:

Vamos a resolver este problema de forma genérica. La fuerza neta que actúa paralela a la superficie es la que produce la aceleración:

$$F \cos\theta - \mu_c (mg - F \operatorname{sen}\theta) = ma \quad \Rightarrow \quad a = F(\cos\theta - \mu_c \operatorname{sen}\theta) - \mu_c g. \qquad (1.80)$$

Donde hemos hecho uso de que la fuerza que mantiene las dos superficies unidas es igual al peso menos la componente vertical de la fuerza aplicada. Para obtener el ángulo donde la aceleración adquiere su valor máximo vamos a ver para qué valor de θ hay un extremo relativo por medio de la derivada:

$$\frac{da}{d\theta} = 0 \quad \Rightarrow \quad \frac{d}{d\theta}\left(F(\cos\theta - \mu_c \operatorname{sen}\theta) - \mu_c g\right) = 0 \quad \Rightarrow \\ \Rightarrow \quad -\sin\theta - \mu_c \cos\theta = 0 \quad \Rightarrow \quad \theta = \tan^{-1}\mu_c. \tag{1.81}$$

Y comprobamos que ese ángulo solo depende del coeficiente del rozamiento y tanto la masa como el valor de la fuerza son irrelevantes. En el caso concreto del enunciado, $\mu_c = 0{,}7$, tenemos que el ángulo óptimo es

$$\theta = \tan^{-1} 0{,}7 \quad \Rightarrow \quad \boxed{\theta = 35°.} \tag{1.82}$$

Problema 1.18

Encima de una plataforma giratoria colocamos un objeto a 39 cm del eje de giro. Si entre el objeto y la plataforma hay un coeficiente de rozamiento estático $\mu_e = 0{,}6$ calcule las vueltas por minuto máximas que puede dar la plataforma para que el objeto gire de forma solidaria con ella. Analice el problema desde el punto de vista de un sistema de referencia inercial y de uno no inercial.

Solución:

Desde un sistema de referencia inercial tenemos que el objeto está describiendo un movimiento circular. Algo tiene que actuar de fuerza centrípeta, en este caso es la fuerza de rozamiento estático. Esta fuerza centrípeta, F_c, viene dada por:

$$F_c = m\omega^2 r. \tag{1.83}$$

Donde r es el radio de la trayectoria circular. El rozamiento estático tiene un valor máximo, $f_{e;\text{máx}}$,

$$f_{e;\text{máx}} = \mu_e m g. \tag{1.84}$$

Cuando la fuerza centrípeta necesaria sea igual al valor máximo del rozamiento estático tendremos el valor máximo de la velocidad angular, ω, que permite que el objeto gire de forma solidaria con la plataforma.

$$F_c = f_{e;\text{máx}} \quad \Rightarrow \quad \not{m}\omega_{\text{máx}}^2 r = \mu_e \not{m} g \quad \Rightarrow \quad \omega_{\text{máx}} = \sqrt{\frac{\mu_e g}{r}} = \sqrt{\frac{0{,}6 \cdot 9{,}82}{39 \cdot 10^{-2}}}$$
$$\Rightarrow \quad \omega_{\text{máx}} = 3{,}9 \text{ rad/s}. \tag{1.85}$$

Si dividimos $\omega_{\text{máx}}$ por 2π obtenemos las revoluciones por segundo (r.p.s.) y si multiplicamos las r.p.s. por 60 tenemos las revoluciones por minuto (r.p.m.):

$$\frac{3{,}9}{2\pi} 60 = 37 \text{ r.p.m.} \tag{1.86}$$

Para realizar el análisis desde el punto de vista de un observador no inercial escogemos un sistema de referencia que gira con la plataforma. En este sistema el objeto está en reposo por lo que tienen que cancelarse todas las fuerzas que actúan sobre él. Aquí aparece una fuerza ficticia o de inercia, la fuerza centrífuga, cuyo valor también nos lo da la ecuación (1.83). Esta fuerza debe ser cancelada por la fuerza de rozamiento, cuyo valor máximo es (1.84). Igualando ambas expresiones obtenemos el mismo resultado que en el sistema de referencia inercial.

Tema 2

Trabajo y energía

Problema 2.1

Calcule el trabajo realizado por la fuerza $\vec{F} = 3y\vec{i} + x^2\vec{j} + z\vec{k}$ sobre una partícula que se mueve a lo largo del eje x desde el punto (0,0,0) hasta el punto (10 m,0,0). Hágalo también para cuando la partícula se mueve en línea recta desde (0,0,0) a (5 m,5 m,5 m) y después, también en línea recta, hasta (10 m,0,0). ¿Es una fuerza conservativa?

Solución:

Si la fuerza fuera conservativa podríamos obtener el trabajo por medio de la variación de energía potencial entre esos puntos, sin importar la trayectoria seguida. En este problema vemos que la fuerza no es conservativa por tener un rotacional diferente de cero:

$$\vec{\nabla} \times \vec{F} = \begin{vmatrix} \vec{i} & \vec{j} & \vec{k} \\ \frac{\partial}{\partial x} & \frac{\partial}{\partial y} & \frac{\partial}{\partial z} \\ 3y & x^2 & z \end{vmatrix} = \left(\frac{\partial z}{\partial y} - \frac{\partial x^2}{\partial z} \right) \vec{i} + \left(\frac{\partial 3y}{\partial z} - \frac{\partial z}{\partial x} \right) \vec{j} + \left(\frac{\partial x^2}{\partial x} - \frac{\partial 3y}{\partial y} \right) \vec{k}$$
$$= (2x - 3)\vec{k} \neq \vec{0}.$$

(2.1)

Para calcular el trabajo que realiza esta fuerza al actuar sobre una partícula vamos a tener en cuenta que el trabajo, W, es igual a la circulación del vector fuerza a lo largo de la trayectoria que sigue la partícula. En el problema 0.11 vimos cómo calcular, en general, la circulación de un campo vectorial a lo largo de una trayectoria dada.

$$W = \int_C \vec{F} \cdot d\vec{r} = \int_{t_0}^{t_f} \left(F_x(t)\frac{dx(t)}{dt} + F_y(t)\frac{dy(t)}{dt} + F_z(t)\frac{dz(t)}{dt} \right) dt. \quad (2.2)$$

Lo primero que hacemos es escribir la ecuación de la trayectoria. Para el primer caso, la trayectoria seguida por la partícula en forma paramétrica la podemos escribir como:

$$\vec{r}(t) = 10t\,\vec{i}, \quad (2.3)$$

con $t_0 = 0$ y $t_f = 1$. Hacemos las derivadas de la ecuación de la trayectoria respecto de t,

$$\frac{dx}{dt} = \frac{d10t}{dt} = 10 \quad y \quad \frac{dy}{dt} = \frac{dz}{dt} = 0. \quad (2.4)$$

Ahora escribimos las componentes de la fuerza como una función del parámetro t, que recordemos que es simplemente sustituir en la expresión de la fuerza la x, y y z de la ecuación de la trayectoria:

$$\begin{aligned} F_x = 3y &\Rightarrow F_x(t) = 3 \cdot 0 = 0, \\ F_y = x^2 &\Rightarrow F_y(t) = (10t)^2 = 100t^2 \\ &y \\ F_z = z &\Rightarrow F_z(t) = 0. \end{aligned} \quad (2.5)$$

Sustituyendo en la expresión (2.2):

$$W = \int_0^1 \left(0 \cdot 10 + 100t^2 \cdot 0 + 0 \cdot 0 \right) dt \Rightarrow \boxed{W = 0 \text{ J.}} \quad (2.6)$$

Esto es, el trabajo a lo largo de esa trayectoria es nulo.

Vamos al segundo caso, en el que la partícula va del mismo punto inicial al mismo punto final, pero esta vez siguiendo una trayectoria diferente y que está dividida en dos tramos. Calculamos el trabajo sobre cada tramo, y el trabajo total será la suma de ambos trabajos. Para el primer tramo, cuando la partícula va, en línea recta, de (0,0,0) a (5 m,5 m, 5 m), la trayectoria viene definida por la ecuación vectorial:

$$\vec{r}(t) = 5t\,\vec{i} + 5t\,\vec{j} + 5t\,\vec{k}, \quad (2.7)$$

con $t_0 = 0$ y $t_f = 1$, al igual que antes. Calculamos las derivadas respecto de t:

$$\frac{dx}{dt} = \frac{dy}{dt} = \frac{dz}{dt} = \frac{d5t}{dt} = 5. \quad (2.8)$$

Y ahora las componentes de la fuerza como una función del parámetro t:

$$\begin{aligned} F_x = 3y &\Rightarrow F_x(t) = 3 \cdot 5t = 15t, \\ F_y = x^2 &\Rightarrow F_y(t) = (5t)^2 = 25t^2 \\ &\text{y} \\ F_z = z &\Rightarrow F_z(t) = 5t. \end{aligned} \quad (2.9)$$

Sustituyendo, de nuevo, en la expresión (2.2):

$$\begin{aligned} W_1 &= \int_0^1 \left(15t \cdot 5 + 25t^2 \cdot 5 + 5t \cdot 5\right) dt = \int_0^1 \left(125t^2 + 100t\right) dt \\ &= \left.\left(\frac{125}{3}t^3 + \frac{100}{2}t^2\right)\right|_0^1 = 91{,}66 \text{ J}. \end{aligned} \quad (2.10)$$

Para el segundo tramo, en línea recta desde (5 m, 5 m, 5 m) a (10 m, 0, 0), la trayectoria la podemos escribir como:

$$\vec{r}(t) = (5t + 5)\vec{i} + (-5t + 5)\vec{j} + (-5t + 5)\vec{k}. \quad (2.11)$$

De nuevo, tenemos $t_0 = 0$ y $t_f = 1$. Repetimos los pasos anteriores.

$$\begin{aligned} \frac{dx}{dt} &= \frac{d}{dt}(5t + 5) = 5, \\ \frac{dy}{dt} &= \frac{d}{dt}(-5t + 5) = -5, \\ &\text{y} \\ \frac{dz}{dt} &= \frac{d}{dt}(-5t + 5) = -5. \end{aligned} \quad (2.12)$$

$$\begin{aligned} F_x = 3y &\Rightarrow F_x(t) = 3(-5t + 5) = -15t + 15, \\ F_y = x^2 &\Rightarrow F_y(t) = (5t + 5)^2 = 25t^2 + 50t + 25 \\ &\text{y} \\ F_z = z &\Rightarrow F_z(t) = -5t + 5. \end{aligned} \quad (2.13)$$

Por último:

$$\begin{aligned} W_2 &= \int_0^1 \left((-15t + 15) \cdot 5 + (25t^2 + 50t + 25) \cdot (-5) + (-5t + 5) \cdot (-5)\right) dt \\ &= -\int_0^1 \left(125t^2 + 300t + 75\right) dt = -\left.\left(\frac{125}{3}t^3 + \frac{300}{2}t^2 + 75t\right)\right|_0^1 \\ &= -266 \text{ J}. \end{aligned}$$
$$(2.14)$$

Luego el trabajo total es:

$$W = W_1 + W_2 = 91{,}66 - 266{,}66 \Rightarrow \boxed{W = -175 \text{ J.}} \quad (2.15)$$

Por ser el trabajo negativo, éste lo hace un agente externo en contra del campo de fuerzas.

Problema 2.2

Colocamos un objeto de 0,5 kg en la parte inferior de un plano inclinado 30° y le imprimimos una velocidad tangencial al plano de 3 m/s de manera que el objeto comienza a subir por el plano. El coeficiente de rozamiento cinético entre al plano y el objeto es igual a 0,4. Calcule hasta qué altura llegara.

Solución:

La altura máxima se alcanzará cuando toda la energía cinética inicial se haya transformado en energía potencial gravitatoria y calor por efecto del rozamiento. Esto es

$$\frac{1}{2}mv_0^2 = mgh + \mu_e mgL, \quad (2.16)$$

donde el segundo término de la derecha es el trabajo efectuado por el rozamiento, siendo L es la distancia recorrida sobre el plano. Esta distancia la podemos relacionar con la altura, h, por medio de la siguiente expresión

$$\frac{h}{L} = \text{sen}\,\theta \Rightarrow L = \frac{h}{\sin\theta}, \quad (2.17)$$

donde θ es el ángulo del plano inclinado, 30° en nuestro caso. Tenemos, por tanto, que la altura la podemos obtener como

$$\frac{1}{2}v_0^2 = gh + \mu_e g \frac{h}{\text{sen}\,\theta} \Rightarrow h = \frac{v_0^2}{2g(1 + \frac{\mu_e}{\text{sen}\,\theta})} = \frac{3^2}{2 \cdot 9{,}8(1 + \frac{0{,}4}{\text{sen}\,30°})}, \quad (2.18)$$

y tras hacer operaciones obtenemos

$$\boxed{h = 0{,}255 \text{ m} = 25{,}5 \text{ cm.}} \quad (2.19)$$

Problema 2.3

Sabemos que un campo de fuerzas viene dado por la siguiente expresión:

$$\vec{F} = y\vec{i} + f(x,y,z)\vec{j} + z\vec{k}, \qquad (2.20)$$

donde $f(x,y,z)$ es una función desconocida. ¿Cómo tiene que ser $f(x,y,z)$ para que la fuerza sea conservativa?

Solución:

Para que la fuerza sea conservativa es condición necesaria y suficiente que tenga un rotacional nulo: $\vec{\nabla} \times \vec{F} = 0$. Calculamos el rotacional y buscamos que sea idénticamente nulo:

$$\vec{\nabla} \times \vec{F} = \begin{vmatrix} \vec{i} & \vec{j} & \vec{k} \\ \frac{\partial}{\partial x} & \frac{\partial}{\partial y} & \frac{\partial}{\partial z} \\ y & f & z \end{vmatrix} = \left(\frac{\partial z}{\partial y} - \frac{\partial f}{\partial z}\right)\vec{i} + \left(\frac{\partial y}{\partial z} - \frac{\partial z}{\partial x}\right)\vec{j} + \left(\frac{\partial f}{\partial x} - \frac{\partial y}{\partial y}\right)\vec{k}$$
$$= -\frac{\partial f}{\partial z}\vec{i} + \left(\frac{\partial f}{\partial x} - 1\right)\vec{k} = 0. \qquad (2.21)$$

Cualquier función de la forma:

$$f = x + g(y), \qquad (2.22)$$

donde $g(y)$ es una función cualquiera que depende solo de la coordenada y, verifica:

$$\frac{\partial f}{\partial z} = 0 \quad \text{y} \quad \frac{\partial f}{\partial x} - 1 = 0. \qquad (2.23)$$

Y tenemos que la fuerza dada por:

$$\boxed{F = y\vec{i} + (x + g(y))\vec{j} + z\vec{k},} \qquad (2.24)$$

es una fuerza conservativa.

Problema 2.4

La fuerza $\vec{F} = x\vec{i} + y\vec{j} + z\vec{k}$ es conservativa. Demuéstrelo de dos formas diferentes.

Solución:

Es fácil ver que el rotacional es idénticamente nulo:

$$\vec{\nabla} \times \vec{F} = \left(\frac{\partial z}{\partial y} - \frac{\partial y}{\partial z}\right)\vec{i} + \left(\frac{\partial x}{\partial z} - \frac{\partial z}{\partial x}\right)\vec{j} + \left(\frac{\partial y}{\partial x} - \frac{\partial x}{\partial y}\right)\vec{k} = 0. \qquad (2.25)$$

Por otro lado, podemos ver que hay una función escalar

$$U = \frac{1}{2}\left(x^2 + y^2 + z^2\right), \tag{2.26}$$

cuyo gradiente es igual a $\vec{F}$:

$$\begin{aligned}\vec{F} = \vec{\nabla} U &= \frac{\partial U}{\partial x}\vec{i} + \frac{\partial U}{\partial y}\vec{j} + \frac{\partial U}{\partial z}\vec{k} \\ &= \frac{1}{2}\left(\frac{\partial}{\partial x}(x^2+y^2+z^2)\vec{i} + \frac{\partial}{\partial y}(x^2+y^2+z^2)\vec{j} + \frac{\partial}{\partial z}(x^2+y^2+z^2)\vec{k}\right),\end{aligned} \tag{2.27}$$

lo que comprobamos fácilmente haciendo las derivadas parciales. Sabemos que cuando una fuerza se puede escribir como el gradiente de una función escalar, esa fuerza es conservativa (equivalente a que su rotacional es cero). Además, la energía potencial, E_p, asociada a esta fuerza conservativa es igual a U, pero con el signo cambiado: $E_p = -U$ y $\vec{F} = -\vec{\nabla} E_p$.

Problema 2.5

Lanzamos hacia arriba un objeto con una velocidad vertical inicial v_i y desde una altura h. ¿Qué velocidad llevará ese objeto cuando llegue al suelo?

Solución:

Al solo actuar la fuerza gravitatoria, que es conservativa, podemos usar la ley de conservación de energía mecánica.

$$E_{m;i} = E_{m;f} \quad \text{o} \quad E_{c;i} + U_i = E_{c;f} + U_f, \tag{2.28}$$

donde $E_{c;i}$ ($E_{c;f}$) es la energía cinética inicial (final) y U_i (U_f) es la energía potencial inicial (final). Para este problema concreto tenemos:

$$\frac{1}{2}mv_i^2 + mgh = \frac{1}{2}mv_f^2, \tag{2.29}$$

siendo v_f la velocidad que nos piden, la que lleva el objeto al llegar al suelo. Por tanto, despejando de la expresión anterior,

$$\boxed{v_f = \sqrt{v_i^2 + 2gh}.} \tag{2.30}$$

Problema 2.6

Un bloque de masa $m = 5\,\text{kg}$ se coloca en un plano horizontal sin fricción y está conectado a un muelle con una constante de fuerza $k = 200\,\text{N/m}$. El muelle se comprime $0,5\,\text{m}$ desde su posición de equilibrio y luego se suelta, haciendo que el bloque se mueva. Calcula la velocidad del bloque en el momento en que el muelle regresa a su longitud de equilibrio.

Solución:

Para resolver este problema, utilizamos el principio de conservación de la energía mecánica. La energía inicial almacenada en el muelle comprimido se convierte en energía cinética del bloque cuando el muelle regresa a su longitud de equilibrio.

La energía potencial elástica almacenada en el muelle comprimido se calcula con la fórmula:

$$E_{p,\text{elástica}} = \frac{1}{2}kx^2 \qquad (2.31)$$

donde $x = 0,5\,\text{m}$ es la compresión del muelle.

La energía cinética del bloque en movimiento se calcula como:

$$E_k = \frac{1}{2}mv^2 \qquad (2.32)$$

donde v es la velocidad del bloque.

Al no haber fuerzas no conservativas actuando (como la fricción), la energía mecánica total se conserva. Por tanto, la energía potencial elástica inicial se convierte completamente en energía cinética cuando el muelle alcanza su longitud de equilibrio:

$$E_{p,\text{elástica}} = E_k \qquad (2.33)$$

Substituyendo las expresiones de $E_{p,\text{elástica}}$ y E_k en la ecuación de conservación y despejando para v, obtenemos:

$$\frac{1}{2}kx^2 = \frac{1}{2}mv^2 \;\Rightarrow\; v = \sqrt{\frac{k}{m}}x = \sqrt{\frac{200}{5}}\,0,5 \;\Rightarrow\; \boxed{v = 3,16\,\text{m/s.}} \qquad (2.34)$$

Problema 2.7

Calcule la velocidad de la lenteja del péndulo simple en función del ángulo con la vertical, calcule el valor máximo de esta velocidad y compare con el resultado del problema 1.14.

Solución:

En la figura podemos ver que la altura de la lenteja, h, es igual a la longitud de la varilla por el coseno del ángulo que forma ésta con la vertical:

$$h = L\cos\theta. \qquad (2.35)$$

Al solo actuar el peso, la energía mecánica se conserva y podemos encontrar la velocidad usando el teorema de conservación de la energía mecánica. La energía potencial en cualquier instante es:

$$mgh = mg\,(L\cos\theta_0 - L\cos\theta) = mgL(\cos\theta_0 - \cos\theta). \qquad (2.36)$$

Para lo que hemos escogido como referencia para la altura el punto en el que la lenteja está a máxima altura, cuando $\theta = \theta_0$, por lo que la energía potencial será siempre menor o igual a cero. Para $\theta = 0$, en concreto, la energía potencial es cero. Por lo tanto, para la posición de máxima altura la energía mecánica es cero, ya que la velocidad también es cero.

$$\frac{1}{2}\not{m}v^2(\theta) + \not{m}gL(\cos\theta_0 - \cos\theta) = 0 \quad\Rightarrow\quad \boxed{v = \sqrt{2gL\,(\cos\theta - \cos\theta_0)}.} \qquad (2.37)$$

La velocidad máxima se alcanza cuando $\theta = 0$ que es el valor mínimo de energía potencial.

$$\boxed{v_{\text{máx}} = \sqrt{2gL\,(1 - \cos\theta_0)}.} \qquad (2.38)$$

Expresiones que coinciden con las encontradas por medio de consideraciones de dinámica de la partícula en el problema 1.14.

Problema 2.8

Dotamos a un objeto de masa m, que está situado encima de un plano horizontal, de una velocidad inicial v_i. Si el coeficiente de rozamiento cinético entre el objeto y el plano es μ_c calcule la distancia que recorre por el plano antes de detenerse.

Solución:

En este caso, actúan fuerzas no conservativas, por lo que la energía mecánica no se conserva, pero sabemos que la variación de la energía mecánica es igual al trabajo, W_{nc}, que realizan las fuerzas no conservativas.

$$W_{nc} = \Delta E_m = E_{m;f} - E_{m;i}, \quad (2.39)$$

donde $E_{m;i}$ y $E_{m;f}$ son la energía mecánica inicial y final, respectivamente. En este caso:

$$E_{m;i} = \frac{1}{2}mv_i^2 \quad \text{y} \quad E_{m;f} = 0. \quad (2.40)$$

La variación de energía mecánica es, en este problema, negativa: $\Delta E_m = -1/2mv_i^2$. El trabajo de las fuerza no conservativas, el rozamiento aquí, es:

$$W_{nc} = \int \vec{f}_r \cdot d\vec{r} = -\int f_r dr = -\mu_c mg \int dr \quad \Rightarrow \quad W_{nc} = -\mu_c mgL, \quad (2.41)$$

donde L es la distancia recorrida. El signo negativo aparece debido a que $\vec{f}_c$ y $d\vec{r}$ son vectores antiparalelos, por lo que su producto escalar es igual a menos el producto de sus módulos ($\vec{f}_c \cdot d\vec{r} = f_c dr \cos 180°$). Igualando:

$$-\mu_c \cancel{m}gL = -\frac{1}{2}\cancel{m}v_i^2, \quad (2.42)$$

y nos queda que

$$\boxed{L = \frac{v_i^2}{2g\mu_c}.} \quad (2.43)$$

La distancia recorrida es proporcional al cuadrado de la velocidad inicial.

Problema 2.9

La cuerda de un columpio del parque tiene una longitud de 2,5 m. ¿Qué velocidad horizontal tendríamos que darle inicialmente para que diera una vuelta completa alrededor del travesaño que lo sujeta?

Solución:

Para que el columpio describa una vuelta completa, la velocidad mínima,

$v_{\min}$, con la que llega a la parte superior requerida es tal que la fuerza centrípeta necesaria la proporcione el peso:

$$\cancel{m}g = \cancel{m}\frac{v_{\min}^2}{r^2} \quad \Rightarrow \quad v_{\min} = \sqrt{g r}. \tag{2.44}$$

La velocidad horizontal necesaria inicial, v_0, la calculamos por conservación de energía:

$$\cancel{m}g 2r + \frac{1}{2}\cancel{m}v_{\min}^2 = \frac{1}{2}\cancel{m}v_0^2 \quad \Rightarrow \quad g 4r + g r^2 = v_0^2 \quad \Rightarrow \quad v_0 = \sqrt{g r (4 + r)}, \tag{2.45}$$

donde $r = 2{,}5$ m, es la longitud del columpio. Dando valores numéricos tenemos

$$v_0 = \sqrt{9{,}8 \cdot 2{,}5 (4 + 2{,}5)} \quad \Rightarrow \quad \boxed{v_0 = 12{,}6 \text{ m/s}.} \tag{2.46}$$

Problema 2.10

Dejamos caer, partiendo del reposo, un objeto de masa m desde una altura h en un plano inclinado un ángulo θ. Si el rozamiento cinético entre el objeto y el plano tiene un coeficiente μ_c calcule a qué velocidad llegará al final del plano inclinado.

Solución:

En la figura, que es la misma que la del problema 1.11, vemos que la distancia recorrida, l, por el objeto para llegar al final del plano en función de la altura es $l = h/\operatorname{sen}\theta$. Al haber rozamiento

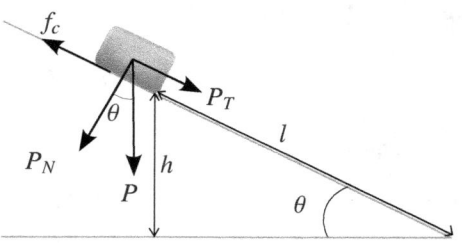

no se conserva la energía mecánica, pero sí que sabemos que su variación es igual al trabajo, W_r, efectuado por la fuerza de rozamiento:

$$W_r = \Delta E_m = E_{m;f} - E_{m;i} \tag{2.47}$$

En este problema, la energía mecánica inicial es solo energía potencial, ya que el objeto parte del reposo: $E_{m;i} = mgh$. Haciendo que la energía potencial sea cero en el suelo. Cuando el objeto llega al suelo la energía mecánica es solo energía cinética:

$$E_{m;f} = \frac{1}{2}mv^2. \tag{2.48}$$

El trabajo, W_r, hecho por el rozamiento, ver razonamiento del problema 2.8, es:

$$W_r = -\mu_c mg \cos\theta l = -\frac{\mu_c mgh \cos\theta}{\text{sen}\,\theta} = -\frac{\mu_c mgh}{\tan\theta}. \quad (2.49)$$

Tenemos, por tanto, la relación:

$$-\frac{\mu_c mgh}{\tan\theta} = \frac{1}{2}mv^2 - mgh, \quad (2.50)$$

y despejando la velocidad nos queda:

$$\boxed{v = \sqrt{2gh\left(1 - \frac{\mu_c}{\tan\theta}\right)}.} \quad (2.51)$$

De nuevo, como en el problema 1.11, podemos tener soluciones no reales cuando $\mu_c \tan\theta > 1$, esto es, cuando $\mu_c > \tan\theta$, por el mismo motivo que en el citado problema.

Problema 2.11

Un sistema de fuerzas tiene una energía potencial dada por:

$$U = 5zx^3 + 3y. \quad (2.52)$$

Obtenga el campo de fuerzas asociado a esta energía potencial.

Solución:

El campo de fuerzas, $\vec{F}$, asociado a una energía potencial, U, lo obtenemos simplemente mediante el cálculo del gradiente de la energía potencial con el signo cambiado, esto es:

$$\begin{aligned}\vec{F} &= -\vec{\nabla}U = -\frac{\partial U}{\partial x}\vec{i} + \frac{\partial U}{\partial y}\vec{j} + \frac{\partial U}{\partial z}\vec{k} \\ &= -\left(\frac{\partial(5zx^3 + 3y)}{\partial x}\vec{i} + \frac{\partial(5zx^3 + 3y)}{\partial y}\vec{j} + \frac{\partial(5zx^3 + 3y)}{\partial z}\vec{k}\right).\end{aligned} \quad (2.53)$$

Tras hacer las derivadas parciales nos queda:

$$\boxed{\vec{F} = -15zx^2\vec{i} - 3\vec{j} - 5x^3\vec{k}.} \quad (2.54)$$

> **Problema 2.12**
>
> Sabiendo que la fuerza $\vec{F}$ con que el campo gravitatorio terrestre atrae a una partícula de masa m viene dada por la expresión:
>
> $$\vec{F} = -G\frac{M_T m}{r^2}\vec{e}, \qquad (2.55)$$
>
> donde G es la constante de gravitación universal, M_T es la masa de la tierra, r es la distancia de la partícula al centro de la tierra y $\vec{e} = \vec{r}/r$ es un vector unitario con la misma dirección y sentido que el vector de posición de la partícula respecto del centro de la tierra. Esta fuerza es una fuerza central, luego es conservativa. Calcule la energía potencial asociada el campo gravitatorio terrestre.

Solución:

Para calcular la energía potencial del campo gravitatorio vamos a calcular el trabajo que hace el campo para mover una partícula de un punto b (situado a una distancia r_b del centro de la tierra) a un punto a (a una distancia r_a del centro) dispuestos sobre una linea radial, como en la figura. El

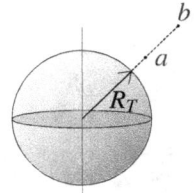

trabajo lo calculamos por medio de la circulación a lo largo de la trayectoria de b a a:

$$W = -\int_{r_b}^{r_a} G\frac{M_T m}{r^2}\vec{e}\cdot d\vec{r} = -GM_T m \int_{r_b}^{r_a} \frac{\vec{e}\cdot d\vec{r}}{r^2}. \qquad (2.56)$$

El vector unitario $\vec{e}$ es radial y apunta en sentido contrario al centro de la tierra, mientras que el vector $d\vec{r}$, que también es radial, apunta hacia el centro de la tierra, por lo que

$$\vec{e}\cdot d\vec{r} = -|\vec{e}|\,dr\cos 180^\circ = -dr. \qquad (2.57)$$

El trabajo es fácil de obtener integrando:

$$W = GM_T m \int_{r_b}^{r_a} \frac{dr}{r^2} = -GM_T m \left(\frac{1}{r}\right)\bigg|_{r_b}^{r_a} = G\frac{M_T m}{r_b} - G\frac{M_T m}{r_a}. \qquad (2.58)$$

Ahora bien, como el trabajo de una fuerza conservativa lo podemos calcular también por medio de la energía potencial:

$$W = -\Delta U = -(U_b - U_a) = U_a - U_b, \qquad (2.59)$$

donde U_a (U_b) es la energía potencial del campo gravitatorio cuando la partícula se encuentra en el punto a (b). Comparando las expresiones (2.58) y (2.59) llegamos a la conclusión de que la energía potencial del campo gravitatorio cuando una partícula de masa m se encuentra a una distancia r del centro de la tierra es:

$$\boxed{U = -G\frac{M_T m}{r}}.\qquad(2.60)$$

Problema 2.13

Se define la velocidad de escape, v_e, de un planeta como la velocidad que tendríamos imprimir a una partícula para que escapara del campo gravitatorio del planeta. Calcule la velocidad de escape en la superficie de la tierra.

Solución:

Podemos suponer que la partícula ha escapado si llega al infinito, energía potencial cero, con una velocidad de 0 m/s, por lo que, haciendo balance de energías, tenemos

$$-G\frac{M_T m}{R_T} + \frac{1}{2}mv_e^2 = 0 \;\Rightarrow\; G\frac{M_T \not{m}}{R_T} = \frac{1}{2}\not{m}v_e^2 \;\Rightarrow\; v_e = \sqrt{2G\frac{M_T}{R_T}},\qquad(2.61)$$

donde R_T y M_T son el radio y la masa de la tierra, respectivamente. Sustituyendo valores numéricos

$$v_e = \sqrt{2\cdot 6{,}67430\cdot 10^{-11}\frac{5{,}9722\cdot 10^{24}}{6{,}378\cdot 10^6}} \;\Rightarrow\; \boxed{v_e = 11180\text{ m/s.} = 11{,}18\text{ km/s}}$$
$$(2.62)$$

Problema 2.14

Un objeto de masa $m = 410$ g cae por un plano inclinado $\theta = 30°$, partiendo del reposo desde una altura $h = 2{,}3$ m. Calcule la aceleración con la que cae ese objeto cuando no hay rozamiento entre él y el plano inclinado. Deduzca la velocidad, v_f, al final del plano inclinado por balance de energías. Si hubiera rozamiento y la velocidad al final del plano inclinado fuera un 30 % menor, ¿qué coeficiente de rozamiento cinético μ_c podemos deducir que existe entre el objeto y el plano inclinado?

Solución:

La componente tangencial del peso, P_T, es la fuerza que empuja al objeto y por lo tanto la aceleración cuando no hay rozamiento será:

$$P_T = ma \;\Rightarrow\; a = \frac{P_T}{m} = \frac{\not{m}g\operatorname{sen}\theta}{\not{m}} \;\Rightarrow\; \boxed{a = 4{,}9\text{ m/s}^2.}\qquad(2.63)$$

Para hacer balance energético igualamos la enegía mecánica inicial con la energía mecánica final. La inicial es solo energía potencial y la final es solo energía cinética:

$$\cancel{m}gh = \frac{1}{2}\cancel{m}v_f^2 \quad \Rightarrow \quad v_f = \sqrt{2gh} = \sqrt{2 \cdot 9,82 \cdot 2,3} \quad \Rightarrow \quad \boxed{v_f = 6,7 \text{ m/s.}} \tag{2.64}$$

Si al haber rozamiento la velocidad, v', al final fuera un 30 % menor:

$$v' = v_f - \frac{30}{100}v_f = 0,7v_f. \tag{2.65}$$

La energía mecánica final ahora es:

$$\frac{1}{2}mv'^2 = \frac{1}{2}mv_f^2 \cdot 0,7^2 = 0,49 \cdot mgh. \tag{2.66}$$

Y la variación de energía mecánica es:

$$\Delta E_m = 0,49 \cdot mgh - mgh = -0,51 \cdot mgh, \tag{2.67}$$

que es igual al trabajo de la fuerza de rozamiento:

$$W_r = -\mu_c mg \cos\theta d$$
$$= -\mu_c mg \cos\theta \frac{h}{\sen\theta} = -\frac{\mu_c}{\tan\theta}mgh. \tag{2.68}$$

Luego:

$$\frac{\mu_c}{\tan\theta} = 0,51 \quad \Rightarrow \quad \mu_c = 0,51 \cdot \tan 30 \quad \Rightarrow \quad \boxed{\mu_c = 0,29.} \tag{2.69}$$

Tema 3

Sistemas de partículas

Problema 3.1

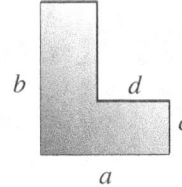

En la figura vemos una lámina que vamos a suponer homogénea, esto es, la densidad bidimensional de masa, σ, es constante. Calcule la posición del centro de masas en función de las dimensiones de los lados que se indican: a, b, c y d. Para ello, dibuje un sistema de referencia y dé las coordenadas en ese sistema escogido.

Solución:

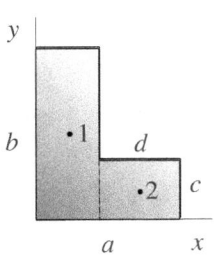

Para este problema vamos a usar la propiedad distributiva del centro de masas. Esta propiedad nos permite calcular centros de masas de sistemas de partículas que podamos descomponer en subsistemas que tengan simetrías que nos permitan encontrar fácilmente su centro de masas. El procedimiento consiste en que, una vez encontrado el centro de masas de cada subsistema, reemplazamos el subsistema por una partícula situada en su centro de masas y cuya masa es la masa del subsistema. El centro de masas de todo el sistema lo calculamos como el centro de masas de un sistema de partículas discreto.

En nuestro problema podemos descomponer la lámina en dos láminas rectagulares cuyos centros de masas se encuentran en el centro. Escojemos un sistema de referencia cuyo origen se encuentra en la esquina inferior izquierda de la lámina y cuyos ejes x e y coinciden con el borde inferior e izquierdo, respectivamente. En la figura identificamos las dos láminas con los números 1 y 2. El centro de masas de la lámina 1 está en las coordenadas

$$x_{cm1} = \frac{a-d}{2} \quad y \quad y_{cm1} = \frac{b}{2}. \tag{3.1}$$

Esta lámina tiene una masa $m_1 = \sigma \frac{b}{(}a - d)$. El centro de masas de la segunda lámina está en:

$$x_{cm2} = a - \frac{d}{2} \quad y \quad y_{cm2} = \frac{c}{2}, \tag{3.2}$$

y tiene una masa $m_2 = \sigma dc$. Con esto ya podemos obtener las coordenadas del centro de masas de todo el sistema

$$x_{cm} = \frac{m_1 x_{cm1} + m_2 x_{cm2}}{m_1 + m_2} \quad y \quad y_{cm} = \frac{m_1 y_{cm1} + m_2 y_{cm2}}{m_1 + m_2}. \tag{3.3}$$

Problema 3.2

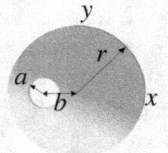

Obtenga la posición del centro de masas del disco de la figura, de radio r, sabiendo que la densidad de masa σ es constante en toda la lámina, es un disco homogéneo, en función del radio del disco r, del radio del hueco, a, y de la distancia del centro del hueco al centro del disco, b.

Solución:

Para este problema vamos a usar también la propiedad distributiva del centro de masas, al igual que hicimos en el problema 3.1, pero vamos a recurrir, además, a una pequeña triquiñuela matemática. En este caso vamos a suponer el sistema de la figura compuesto de dos discos: uno macizo de radio r y densidad de masa σ más un disco de radio a, pero con una densidad de masa negativa, $-\sigma$. Por simetría, podemos decir ya que el centro de masas del sistema tiene coordenada $y_{cm} = 0$. El centro de masas del disco macizo estaría en su centro, esto es, coordenada x_{cm1} y masa $m_1 = \sigma \pi r^2$. El centro de masas del disco de densidad negativa estaría también en su centro y, por lo tanto, con coordenada $x_{cm2} = -b$ y la masa sería $m_2 = -\sigma \pi a^2$. La coordenada x del centro de masas de todo el sistema sería:

$$x_{cm} = \frac{m_1 x_{cm1} + m_2 x_{cm2}}{m_1 + m_2} = \frac{\sigma\pi(r^2 \cdot 0 + a^2 b)}{\sigma\pi(r^2 - a^2)} \quad \Rightarrow \quad \boxed{x_{cm} \frac{a^2 b}{r^2 - a^2}.} \tag{3.4}$$

> **Problema 3.3**
>
> Usando los teoremas de Pappus-Guldin encuentre el centro de masas del alambre homogéneo de la figura con densidad de masa unidimensional, λ, en función del radio r.

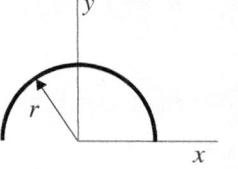

Solución:

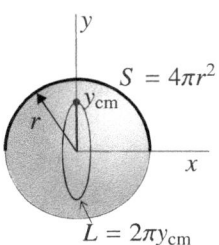

Por simetría, podemos decir que el centro de masas tiene una coordenada $x_{cm} = 0$. Solo tenemos que calcular su coordenada y_{cm}. Como es un alambre homogéneo el centro de masas coincide con el centroide, por lo que podemos, en este caso, usar el el primer teorema de Papus-Guldin, que nos dice cómo calcular el centroide de una curva plana. Este teorema establece que al girar una curva plana alrededor de un eje de su plano que no la corta (en este problema el eje x), el área, S, de la superficie engendrada (es este caso una superficie esférica, $S = \pi r^2$) es igual a la longitud, l, de la curva (en este problema $l = \pi r$) por la longitud de la circunferencia descrita por el centroide, L, o bien $S = l \cdot L$. Si el centroide se encuentra a una altura y_{cm}, la longitud de la circunferencia es $L = 2\pi y_{cm}$.

$$\cancel{4\pi}^{\,2} \cancel{r^{\,2}}^{\,\prime} = \cancel{\pi r} \, 2\pi y_{cm}, \tag{3.5}$$

y nos queda que la altura del centroide es

$$\boxed{y_{cm} = \frac{2r}{\pi}}. \tag{3.6}$$

Que por ser un alambre homogéneo coincide con la altura del centro de masas, como hemos dicho anteriormente. En el siguiente problema vamos a usar el segundo teorema de Pappus-Guldin para el cálculo de centros de masas, pero ahora de láminas, esto es, de sistemas bidimensionales.

> **Problema 3.4**
>
> Por medio del segundo teorema de Pappus-Guldin, encuentre el centro de masas de la lámina homogénea de densidad de masa, σ, de la figura, que podemos considerar como un semidisco de radio a al que le hemos recortado

una semielipse de semiejes a y b. Deje el resultado en función de los radios a y b.

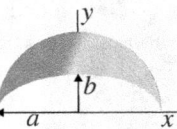

Solución:

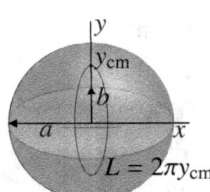

Para este problema vamos a usar el segundo teorema de Pappus-Guldin, tal y como nos piden en el enunciado. Este teorema establece que el volumen, V, engendrado por una superficie plana al girar alrededor de un eje de su plano que no la corta es igual al producto del área, S, de la superficie por la longitud, L, de la circunferencia que describe el centroide de la superficie: $V = SL$. En este problema nos piden calcular el centro de masas, que por ser una lámina homogénea coincide con el centroide.

Por simetria, el centro de masas tiene que estar sobre el eje y de la figura, por lo que solo tenemos que calcular su coordenada y_{cm}. El eje x es un eje del plano de la lámina que no la corta, por lo que al hacer girar la lámina alrededor de este eje, la longitud de la circunferencia, L, descrita por el centroide es igual a $L2\pi y_{cm}$. El área de la superficie es igual al área de un semidisco menos el área del hueco, que es una semielipse. Un círculo es una elipse con los dos semiejes iguales. Con esto es fácil deducir cuál tiene que ser la fórmula del área de una elipse; tiene que ser tal que cuando ambos semiejes sean iguales no dé la fórmula del área de un círculo. Por esto, el área de una elipse de semiejes a y b es igual a πab. El área, S, de la lámina es, por tanto

$$S = \frac{1}{2}\pi a^2 - \frac{1}{2}\pi ab = \frac{\pi a}{2}(a-b). \tag{3.7}$$

Para el cálculo del volumen, V, engendrado por la lámina al girar alrededor del eje x tenemos algo parecido, es el volumen de una esfera menos el volumen del hueco, que en este caso es un elipsoide de revolución.

Con un razonamiento parecido al anterior podemos obtener la expresión que nos dice el volumen de un elipsoide: considerando que una esfera es un elipsoide con los tres semiejes iguales deducimos que el volumen de un elipsoide es igual a $4/3\pi$ por el producto de los tres semiejes; si estos son iguales obtenemos el volumen de una esfera. El volumen, V, engendrado por la lámina al girar alrededor del eje x es:

$$V = \frac{4}{3}\pi a^3 - \frac{4}{3}\pi ab^2 = \frac{4\pi a}{3}\left(a^2 - b^2\right). \tag{3.8}$$

Ya podemos aplicar el teorema para calcular y_{cm},

$$V = SL \quad \Rightarrow \quad \frac{4\pi a}{3}\left(a^2 - b^2\right) = \frac{\pi a}{2}(a-b)\,2\pi y_{\text{cm}}. \tag{3.9}$$

Despejando y_{cm}

$$y_{\text{cm}} = \frac{4}{3\pi}\frac{a^2 - b^2}{a-b} = \frac{4}{3\pi}\frac{(a-b)(a+b)}{a-b} \quad \Rightarrow \quad \boxed{y_{\text{cm}} = \frac{4}{3\pi}(a+b).} \tag{3.10}$$

Problema 3.5

Partiendo de que el momento de inercia de un cilindro macizo y homogéneo, de masa m y radio R, respecto de su eje es $I = 1/2\,mR^2$, calcule el momento de inercia de un cilindro hueco de masa m_h respecto de su eje cuyo radio exterior es R_1 y cuyo radio interior es R_2, sabiendo que es homogéneo. Compruebe que obtenemos la expresión $I = mR^2$ cuando $R_1 \approx R_2$.

Solución:

Para resolver este problema solo tenemos que acudir al hecho de que los momentos de inercia son aditivos, por lo que el momento de inercia de un cilindro hueco I_h respecto de su eje es igual al momento de inercia del cilindro macizo, I, menos el momento de inercia que tiene el trozo de cilindro que corresponde al hueco, I', ambos también respecto de su eje:

$$I_h = I - I'. \tag{3.11}$$

Vamos a llamar m' a la masa del cilindro que extraemos para hacer el hueco. Se verifica:

$$m = m_h + m' \quad m_h = m - m' = \rho\pi R_2^2 L - \rho\pi R_1^2 L \quad \Rightarrow \quad m_h = \rho\pi L\left(R_2^2 - R_1^2\right). \tag{3.12}$$

Donde ρ y L son la densidad de masa y la altura del cilindro, respectivamente.

$$\begin{aligned}
I_h &= \frac{1}{2}mR_2^2 - \frac{1}{2}m'R_1^2 = \frac{1}{2}\rho\pi L R_2^4 - \frac{1}{2}\rho\pi L R_1^4 = \frac{1}{2}\rho\pi L\left(R_2^4 - R_1^4\right) \\
&= \frac{1}{2}\rho\pi L\left(R_2^2 - R_1^2\right)\left(R_2^2 + R_1^2\right) \quad \Rightarrow \quad \boxed{I_h = \frac{1}{2}m_h\left(R_2^2 + R_1^2\right).}
\end{aligned} \tag{3.13}$$

Comprobamos que la expresión anterior también nos vale para un cilindro macizo, que sería un caso particular en el que $R_1 = 0$. Cuando tenemos que ambos radios son prácticamente iguales, esto es, un cilindro hueco de un espesor muy pequeño, entonces se verifica que $I = 1/2m(R_2^2 + R_1^2) \approx 1/2(R_1^2 + R_1^2) = mR_1^2$.

Problema 3.6

Calcule el momento de inercia de un cilindro macizo y homogéneo de masa M y radio R respecto de un eje paralelo al eje del cilindro y situado a una distancia l.

Solución:

Este problema es una aplicación directa del teorema de Steiner, o teorema de los ejes paralelos. Al ser un cilindro homogéneo, su centro de masas estará situado en el propio eje del cilindro, por lo que el momento de inercia respecto de cualquier eje paralelo al eje del cilindro será

$$I = \frac{1}{2}MR^2 + Ml^2, \quad (3.14)$$

donde l es la distancia entre ambos ejes. Como aplicación sencilla, si ese eje es tangente a la superficie del cilindro, entonces $l = R$ y tenemos

$$I = \frac{1}{2}MR^2 + MR^2 \quad \Rightarrow \quad I = \frac{3}{2}MR^2. \quad (3.15)$$

Problema 3.7

El momento de inercia de una lámina cuadrada y homogénea de lado a y masa M respecto de un eje perpendicular a la lámina que pase por su centro es $I = \frac{1}{12}Ma^2$. A partir de lo anterior calcule el momento de inercia de una lámina cuadrada de lado $a = 289{,}4$ cm y masa $m = 157$ g respecto de un eje que coincide con uno de los lados de la lámina.

Solución:

Para obtener el momento de inercia de la lámina respecto de un eje que coincida con uno de sus lados tenemos que emplear el teorema de Steiner y también el teorema de los ejes perpendiculares. Para visualizar mejor el proceso colocamos un sistema de referencia con origen en el centro de la lámina

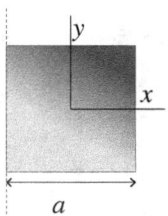

y cuyos ejes x e y son paralelos a los lados del cuadrado, ver figura. El eje z es un eje perpendicular a la lámina y que pasa por su centro. En otras palabras, el momento de inercia de la lámina respecto del eje z es

$$I = \frac{1}{12}Ma^2, \qquad (3.16)$$

tal y como nos dice el enunciado. El momento de inercia respecto del eje x, I_x, y respecto del eje y, I_y son iguales, $I_x = I_y$. Usando el teorema de los ejes perpendiculares tenemos:

$$I_x + I_y = I \;\Rightarrow\; 2I_y = \frac{1}{12}Ma^2 \;\Rightarrow\; I_y = \frac{1}{24}Ma^2. \qquad (3.17)$$

El eje I_y pasa por el centro de masas y es paralelo al eje A, que es respecto del cual nos piden el momento de inercia. Aplicando el teorema de Steiner:

$$I_A = I_y + Ma^2 = \frac{1}{24}Ma^2 + Ma^2 \;\Rightarrow\; I_A = \frac{25}{24}Ma^2 \qquad (3.18)$$

Sustituyendo los valores numéricos:

$$I_A = \frac{25}{24}\frac{157}{1000}\left(\frac{289{,}4}{100}\right)^2 \;\Rightarrow\; \boxed{I_A = 1{,}37 \text{ kg}\cdot\text{m}^2.} \qquad (3.19)$$

Problema 3.8

Determine el momento de inercia de una esfera homogénea de masa M y radio R respecto de un eje que pase por su centro.

Solución:

Para hacer este cálculo vamos a descomponer mentalmente la esfera en una superposición de discos de altura infinitesimal dy, tal y como vemos en la figura. Cada uno de estos discos tiene un momento de inercia respecto de un eje perpendicular a su plano y que pasa por su centro que es 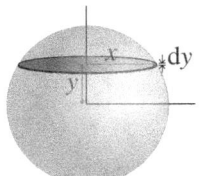 igual al momento de inercia de un cilindro respecto de su eje. De hecho, cada uno de estos discos es un cilindro con una altura infinitesimal. El momento de inercia de cada disco, que es infinitesimal, lo podemos escribir como:

$$dI = \frac{1}{2}dm\, x^2 = \frac{1}{2}\underbrace{\pi x^2 \rho dy}_{dm}\, x^2 = \frac{1}{2}\pi\rho x^4 dy. \qquad (3.20)$$

Siendo x el radio del disco, dy su altura y ρ la densidad de masa. El radio, x, de cada disco y su coordenada y están relacionadas con el radio R de la esfera por medio del teorema de Pitágoras,

$$R^2 = x^2 + y^2 \quad \Rightarrow \quad x^2 = R^2 - y^2 \quad \Rightarrow \quad x^4 = R^4 - 2R^2y^2 + y^4. \tag{3.21}$$

Sumamos los momentos de inercia infinitesimales de todos los discos desde $y = 0$ hasta $y = R$, lo multiplicamos por dos y tendremos el momento de inercia de la esfera respecto de un eje que pasa por su centro.

$$\begin{aligned} I &= 2 \int_0^R \frac{1}{2}\pi x^4 \mathrm{d}y \rho = \pi\rho \int_0^R \left(R^2 - y^2\right)^2 \mathrm{d}y = \pi\rho \int_0^R \left(R^4 - 2R^2y^2 + y^4\right) \mathrm{d}y \\ &= \pi\rho \left. \left(R^4 y - \frac{2}{3}R^2 y^3 + \frac{1}{5}y^5\right) \right|_0^R = \pi\rho R^5 \left(1 - \frac{2}{3} + \frac{1}{5}\right) \\ &= \pi\rho R^5 \frac{8}{15} = \frac{2}{5} \cdot \underbrace{\frac{4}{3}\pi R^3 \rho}_{M} \cdot R^2 \quad \Rightarrow \quad \boxed{I = \frac{2}{5}MR^2.} \end{aligned}$$

(3.22)

Problema 3.9

Dos partículas de masas $m_1 = 3$ g y $m_2 = 8$ g moviéndose sobre el eje x con velocidades $v_1 = 3$ m/s y $v_2 = -5$ m/s colisionan elásticamente (se conserva la energía cinética) y, tras la colisión, siguen moviéndose en el mismo eje x. Determine cuál es la velocidad final de ambas partículas.

Solución:

Por no intervenir en el choque fuerzas externas a las partículas, el momento lineal total del sistema formado por estas dos partículas se conserva, es el mismo antes y después del choque. Además, también nos dicen que el choque es elástico, por lo que la energía cinética antes y después del choque es la misma. Como la energía cinética, E_c, de un sistema de N partículas la podemos escribir en general como:

$$E_c = \frac{1}{2}Mv_{\text{cm}}^2 + \frac{1}{2}\sum_{i=1}^{N} m_i' v_i'^2. \tag{3.23}$$

Esto es, podemos escribir la energía cinética como la suma de la energía cinética de traslación del centro de masas más la energía cinética interna (v_i' es la velocidad con que la partícula i se mueve respecto del sistema de referencia del centro de masas). Como en este problema se conserva el momento lineal total, v_{cm} es constante, y también la energía cinética total podemos decir que la energía cinética interna también se conserva, es igual antes y después del choque. Para resolver este problema es más fácil hacerlo desde el punto de vista del sistema de referencia del centro de masas. El momento lineal total medido en sistema de referencia centro de masas, lo que se conoce como momento lineal total interno, es siempre cero: $\sum_{i=1}^{N} m_i v_i'^2 = 0$. Se verifica que:

$$m_1 v_{1i}' + m_2 v_{2i}' = m_1 v_{1f}' + m_2 v_{2f}' = 0, \tag{3.24}$$

donde v_{1i}' y v_{2i}' (v_{1f}' y v_{2f}') es la velocidad antes del choque (después del choque) de la partícula 1 y 2, respectivamente. Además, por conservarse la energía cinética interna:

$$\frac{1}{2} m_1 v_{1i}'^2 + \frac{1}{2} m_1 v_{2i}'^2 = \frac{1}{2} m_1 v_{1f}'^2 + \frac{1}{2} m_1 v_{2f}'^2. \tag{3.25}$$

Para que se verifiquen, en general, las condiciones dadas por las expresiones (3.24) y (3.25) solo hay una posibilidad:

$$v_{1f}' = -v_{1i}' \quad \text{y} \quad v_{2f}' = -v_{2i}'. \tag{3.26}$$

En otras palabras, que la velocidad de ambas partículas (en el sistema de referencia del centro de masas) después del choque sea igual a la que lleva cada partícula antes del choque, pero invirtiendo su sentido de movimiento. Vamos a usar la relación

$$v_i = v_i' + v_{cm} \quad \Rightarrow \quad v_i' = v_i - v_{cm}, \tag{3.27}$$

para calcular la velocidad en el sistema de referencia del centro de masas a partir de las velocidades en el sistema de referencia del laboratorio, que son las que tenemos en el enunciado. Primero calculamos la velocidad con la que se mueve el centro de masas, v_{cm},

$$v_{cm} = \frac{m_1 v_1 + m_2 v_2}{m_1 + m_2} = \frac{3 \cdot 3 - 8 \cdot 5}{3 + 8} = -2{,}8 \text{ m/s}. \tag{3.28}$$

En este tipo de cálculos no es necesario pasar de gramos a kilogramos ya que el factor de conversión se cancela entre el numerador y el denominador.

$$v_{1i}' = 3 - (-2{,}8) = 5{,}8 \text{ m/s} \quad \text{y} \quad v_{2i}' = -5 - (-2{,}8) = -7{,}2 \text{ m/s}. \tag{3.29}$$

Las velocidades después del choque son, por lo tanto: $v'_{1f} = -5,8$ m/s y $v'_{2f} = 2,2$. El último paso que nos queda por dar es calcular las nuevas velocidades, pero en sistema de referencia del laboratorio por medio de (3.27)

$$v_{1f} = v'_{1f} + v_{cm} = -5,8 - 2,8 \Rightarrow \boxed{v_{1f} = -8,6 \text{ m/s}}$$
$$\text{y} \quad (3.30)$$
$$v_{2f} = v'_{2f} + v_{cm} = 2,2 - 2,8 \Rightarrow \boxed{v_{2f} = -0,6 \text{ m/s.}}$$

Problema 3.10

Colocamos una granada sobre una superficie horizontal. Cuando la granada estalla se divide en dos fragmentos que se mueven sobre el plano horizontal con rozamiento de coeficiente $\mu_c = 0,8$. Un fragmento de masa $m_1 = 28$ g se detiene tras recorrer $s_1 = 133,5$ m. Si el segundo fragmento se detiene tras recorrer $s_2 = 21,3$ m ¿cuál es la masa m_2 del segundo fragmento? ¿Dónde se encuentra el centro de masa de la granada antes de la explosión y cuando ambos fragmentos se han detenido?

Solución:

Justo en el momento de la explosión se tiene que verificar que el momento lineal total se conserva:

$$m_1 v_1 = m_2 v_2. \quad (3.31)$$

Conforme empiezan a moverse esta velocidad va reduciéndose por el rozamiento hasta que se detienen. Esto se produce cuando la energía cinética inicial de cada fragmento se convierte en calor por el rozamiento. El trabajo realizado por el rozamiento es:

$$W_r = mg\mu_c s, \quad (3.32)$$

donde s es el espacio recorrido. Igualando el trabajo con la energía cinética inicial:

$$\frac{1}{2}mv^2 = mg\mu_c s \Rightarrow v = \sqrt{2gs\mu_c}. \quad (3.33)$$

Con esto podemos averiguar las velocidades iniciales de ambos fragmentos tras la explosión:

$$v_1 = \sqrt{2gs_1\mu_c} = \sqrt{2 \cdot 9,82 \cdot 133,5 \cdot 0,8} \Rightarrow v_1 = 45,8 \text{ m/s}, \quad (3.34)$$

y
$$v_2 = \sqrt{2gs_2\mu_c} = \sqrt{2 \cdot 9{,}82 \cdot 21{,}3 \cdot 0{,}8} \quad \Rightarrow \quad v_2 = 18{,}3 \text{ m/s}. \tag{3.35}$$

Y la masa m_2 la sacamos de:

$$m_2 = \frac{m_1 v_1}{v_2} = \frac{28 \cdot 45{,}8}{18{,}3} \quad \Rightarrow \quad \boxed{m_2 = 70 \text{ g}} \tag{3.36}$$

Inicialmente el centro de masa se encuentra en el mismo lugar que la granada. Tomamos ese punto como origen del sistema de referencia, esto es, inicialmente $x_{cm} = 0$. Luego actúan fuerzas externas (el rozamiento) por lo que se modificará su estado de movimiento. Para ver dónde se encuentra cuando los fragmentos se detienen situemos un sistema de referencia tal que su origen coincida con la posición inicial de la granada. El eje x lo colocamos para que coincida con la dirección de movimiento de los fragmentos. Si el fragmento de masa m_1 se mueve en sentido positivo, cuando se detenga lo hará en la coordenada $x_1 = 133{,}5$ m. El segundo fragmento se encontrará en la coordenada $x_2 = -21{,}3$ m cuando se detenga. La coordenada x del centro de masas será:

$$x_{cm} = \frac{m_1 x_1 + m_2 x_2}{m_1 + m_2} = \frac{28 \cdot 133{,}5 - 70 \cdot 21{,}3}{28 + 70} \quad \Rightarrow \quad \boxed{x_{cm} = 22{,}9 \text{ cm}} \tag{3.37}$$

Problema 3.11

Dos partículas de masas $m_1 = 32$ g y $m_2 = 15$ g, que se mueven en trayectorias horizontales, se acercan la una a la otra con velocidades $v_1 = 66{,}1$ m/s y $v_2 = 13{,}8$ m/s. Tras colisionar salen despedidas ambas partículas con velocidades que forman unos ángulos con la horizontal $\theta_1 = 35°$ y $\theta_2 = 73{,}1°$. ¿Qué velocidades v'_1 y v'_2 llevan las partículas tras la colisión?

Solución:

Al no haber fuerzas externas se conserva el momento lineal total del sistema de dos partículas: $\vec{p}_0 = \vec{p}_f$, siendo $\vec{p}_0 = m_1 \vec{v}_1 + m_2 \vec{v}_2$ el momento lineal inicial y $\vec{p}_f = m_1 \vec{v}'_1 + m_2 \vec{v}'_2$. Los vectores velocidad iniciales los podemos escribir como $\vec{v}_1 = 66{,}1\,\vec{\imath}$ y $\vec{v}_2 = -13{,}8\,\vec{\imath}$. Para que se conserve el momento lineal total se tienen que conservar sus componentes por separado. Inicialmente la componente vertical del momento lineal total es cero, de ahí que:

$$m_1 v'_1 \sin\theta_1 = m_2 v'_2 \sin\theta_2 \quad \Rightarrow \quad v'_2 = \frac{m_1 \sin\theta_1}{m_2 \sin\theta_2} v'_1 \tag{3.38}$$

Y para las componentes horizontales:

$$m_1 v_1 - m_2 v_2 = m_1 v'_1 \cos\theta_1 - m_2 v'_2 \cos\theta_2, \qquad (3.39)$$

Donde los signos negativos son para tener en cuenta el sentido real de las velocidades. Sustituyendo valores numéricos en la ecuación (3.39) y usando v'_2 de la ecuación (3.38):

$$32 \cdot 66{,}1 - 15 \cdot 13{,}8 = m_1 v'_1 \cos\theta_1 - m_2 \frac{m_1 \sin\theta_1}{m_2 \sin\theta_2} v'_1 \cos\theta_2 \qquad (3.40)$$

$$1908{,}2 = \left(\cos\theta_1 - \frac{\sin\theta_1}{\sin\theta_2} \cos\theta_2\right) m_1 v'_1 \qquad (3.41)$$

Debido a la forma de las ecuaciones anteriores no es necesario pasar la masa de gramos a kilogramos. Despejando v'_1 de la ecuación (3.41) y sustituyendo valores numéricos obtenemos que $v'_1 = 92{,}5$ m/s. Usando la ecuación (3.38) calculamos que

$$\boxed{v'_2 = 118{,}3 \text{ m/s.}} \qquad (3.42)$$

Problema 3.12

Un objeto, inicialmente en reposo, sufre una explosión interna que lo separa en dos objetos de masas $m_1 = 240$ g y $m_2 = 683$ g, que se mueven horizontalmente en direcciones opuestas (ver figura). El objeto de masa m_2 en su caida impacta con el suelo a una distancia $l = 3{,}8$ m del precipicio. Si el coeficiente de rozamiento cinético entre las partículas y la superficie es $\mu_c = 0{,}31$, $x = 52{,}7$ m y $h = 5{,}8$ m, calcule la distancia que recorrerá la partícula de masa m_2 antes de detenerse.

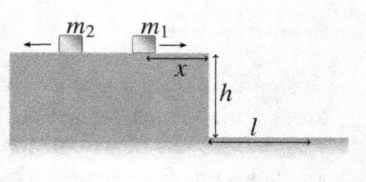

Solución:

El objeto de masa m_2 se detendrá cuando la energía cinética tras la explosión se haya convertido en calor por medio del rozamiento, esto es, cuando:

$$\frac{1}{2} m_2 v_2^2 = \mu_c m_2 g L, \qquad (3.43)$$

donde L es la distancia recorrida por m_2 y v_2 es la velocidad de esa partícula tras la explosión. Esa velocidad la podemos calcular usando conservación del momento lineal del sistema de partículas. Justo después de la explosión:

$$m_1 v_1 = m_2 v_2 \qquad (3.44)$$

Usando las ecuaciones (3.43) y (3.44), llegamos a:

$$L = \frac{(m_1 v_1)^2}{2 m_2^2 \mu_c g} \qquad (3.45)$$

Para obtener v_1 primero debemos calcular la velocidad v'_1 que lleva m_1 cuando llega al precipicio. Como esa partícula recorre una distancia h en vertical antes de llegar al suelo podemos calcular el tiempo que está cayendo usando:

$$h = \frac{1}{2} g t^2 \Rightarrow t = \sqrt{2h/g} = \sqrt{\frac{2 \cdot 5{,}8}{9{,}82}} = 1{,}09 \text{ s}. \qquad (3.46)$$

Y ese es también el tiempo en recorrer la distancia horizontal l por lo que

$$v'_1 = \frac{l}{t} = \frac{3{,}8}{1{,}09} = 3{,}5 \text{ m/s}. \qquad (3.47)$$

La energía cinética que tiene la partícula m_1 justo tras la explosión será la suma de la energía cinética que tiene al llegar al precipicio ($1/2 m_1 v'^2_1$) más la energía perdida por rozamiento al recorrer la distancia x:

$$\frac{1}{2} m_1 v_1^2 = \frac{1}{2} m_1 v'^2_1 + \mu_c m_1 g x \Rightarrow v_1 = \sqrt{v'^2_1 + 2\mu_c g x}. \qquad (3.48)$$

Por lo que la velocidad queda como

$$v_1 = \sqrt{3{,}5^2 + 2 \cdot 0{,}31 \cdot 9{,}82 \cdot 52{,}7} = 18{,}25 \text{ m/s}. \qquad (3.49)$$

Sustituyendo en la ecuación (3.45):

$$L = \frac{(240 \cdot 18{,}25)^2}{2 \cdot 683^2 \cdot 0{,}31 \cdot 9{,}82} \Rightarrow \boxed{L = 6{,}76 \text{ m.}} \qquad (3.50)$$

Al estar las masas en un cociente y elevadas a la misma potencia no es necesario pasar los gramos a kilogramos.

Problema 3.13

Un objeto de masa $m_1 = 3$ kg cae desde 2 m de altura por un plano sin rozamiento inclinado 30°. Al llegar al final del plano impacta con otro objeto, que está en reposo, de masa $m_2 = 1$ kg. Si el primer objeto queda en reposo tras el choque, ¿a qué velocidad sale despedido el segundo objeto?

Solución:

Cuando ambos objetos impactan, las fuerza neta externa al sistema formado por ellos dos es cero, por lo que el momento lineal total se conserva antes y después del choque.

$$m_1 v_{1i} + m_2 v_{2i} = m_1 v_{1f} + m_2 v_{2f} \Rightarrow m_1 v_{1i} = m_2 v_{2f} \Rightarrow v_{2f} = \frac{m_1}{m_2} v_{1i}. \quad (3.51)$$

El subíndice i o f indica antes o después del choque, respectivamente. Solo tenemos que calcular la velocidad v_{1i}, esto es, la velocidad del primer objeto justo antes del choque con el segundo objeto. Para eso usamos conservación de energía, ya que no hay fuerzas no conservativas.

$$\cancel{m}gh = \frac{1}{2}\cancel{m}v_{1i}^2 \Rightarrow v_{1i} = \sqrt{2gh}. \quad (3.52)$$

Sustituyendo:

$$v_{1i} = \sqrt{2 \cdot 9,8 \cdot 2} = 6,26 \text{ m/s}. \quad (3.53)$$

Hemos considerado que el objeto cae partiendo del reposo y que la energía potencial al final del plano inclinado es cero. Sustituyendo en la expresión (3.51) obtenemos que la velocidad pedida es

$$v_{2f} = 316,26 \Rightarrow \boxed{v_{2f} = 18{,}78 \text{ m/s}.} \quad (3.54)$$

Problema 3.14

Una persona está subida en el extremo de un barco, que está en reposo en el agua, y lanza por la borda un saco de 20 kg con una velocidad horizontal de 1,75 m/s. El barco y la persona tienen una masa conjunta de 130 kg y el coeficiente de rozamiento cinético entre el agua y el barco es de 0,1. ¿Qué distancia recorrerá el barco antes de detenerse?

Solución:

Justo al lanzar el saco no hay fuerzas externas por lo que el momento lineal total del sistema de partículas formado por la persona, barco y saco, se conserva. Una vez lanzado el saco, el barco comienza a moverse y, por lo tanto, interviene el rozamiento que termina deteniendo el barco cuando la energía cinética inicial se convierte en calor por rozamiento.

Calculamos la velocidad del barco justo al lanzar el saco. El momento lineal total es cero, al estar todo en reposo, por lo que

$$m_b v_b + m_s v_s = 0. \tag{3.55}$$

Donde llamamos m_b y m_s a la masa del barco (más la persona) y la masa del saco, respectivamente. v_b y v_s son las velocidades iniciales justo al lanzar el saco.

$$m_b = -\frac{m_s}{m_b} v_s = \frac{20}{130} \cdot 1{,}75 = -0{,}27 \text{ m/s}. \tag{3.56}$$

El signo menos indica que el barco se mueve en sentido contrario del movimiento del saco. Sabemos que el rozamiento realiza un trabajo igual a $\mu_c m_b g L$, donde L es la distancia recorrida. El trabajo que hace el rozamiento es negativo, pero aquí podemos ignorar el signo. Igualando la energía cinética inicial con el trabajo del rozamiento podemos obtener la distancia recorrida por el barco.

$$\frac{1}{2} m_b v_b^2 = \mu_c m_b g L \quad \Rightarrow \quad L = \frac{v_b^2}{2\mu_c g} = \frac{0{,}27^2}{2 \cdot 0{,}1 \cdot 9{,}8}$$
$$= 6 \cdot 37 \cdot 10^{-3} \text{ m} \quad \Rightarrow \quad \boxed{L = 3{,}7 \text{ cm}.} \tag{3.57}$$

Problema 3.15

El péndulo balístico es un dispositivo para medir las velocidades de proyectiles. Consiste en un bloque de plomo suspendido del techo por unos hilos resistentes, pero de masa despreciable. Si sobre este péndulo impacta un proyectil, que queda adherido al bloque y se elevan juntos una altura h, calcule la velocidad v con que llega el proyectil. Calcule también la energía perdida en el proceso.

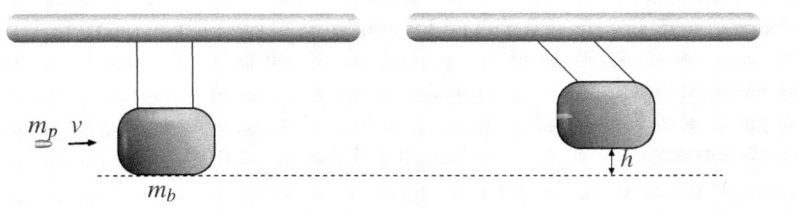

Solución:

Si consideramos al proyectil y al bloque de plomo como un sistema de partículas, el momento lineal total antes del impacto y justo después del impacto se tiene que conservar:

$$m_p v = (m_p + m_b) v_f, \tag{3.58}$$

donde m_p es la masa del proyectil, m_b es la masa del bloque, v es la velocidad del proyectil antes del impacto y v_f es la velocidad horizontal con que comienzan a moverse el bloque y el proyectil justo después del impacto. El conjunto bloque-proyectil comienza a ascender y la única fuerza que actúa después del impacto es la fuerza de la gravedad. Al ser esta fuerza conservativa la energía mecánica se mantiene constante. Cuando alcanzan una altura h el conjunto se detiene y en ese momento tenemos que toda la energía cinética se ha transformado en energía potencial:

$$\frac{1}{2}\cancel{(m_b+m_p)}v_f^2 = \cancel{(m_b+m_p)}gh \quad \Rightarrow \quad v_f = \sqrt{2gh} \quad \Rightarrow \quad \boxed{v = \frac{m_p + m_b}{m_p}\sqrt{2gh}.} \tag{3.59}$$

La energía cinética inicial, E_{c0} es:

$$E_{c0} = \frac{1}{2}m_p v^2, \tag{3.60}$$

mientras que la energía cinética justo después del impacto, E_{cf}, es:

$$E_{cf} = \frac{1}{2}(m_b + m_p)v_f^2 = \frac{1}{2}(m_b + m_p)\frac{m_p^2}{(m_b + m_p)^2}v^2 = \frac{m_p}{m_b + m_p}E_{c0}. \tag{3.61}$$

Evidentemente, $m_p < (m_b + m_p) \Rightarrow E_{cf} < E_{c0}$. Siendo $m_p/(m_b + m_p)$ el factor en que se reduce esta energía cinética tras el impacto.

Problema 3.16

Dos esferas homogéneas de masas iguales $m = 1$ kg están unidas por una varilla de longitud $l = 1,5$ m y masa despreciable. Si este sistema gira a razón de 3 vueltas por segundo alrededor de un eje vertical que pasa por el centro de la varilla, que está inclinada un ángulo de 15° respecto de la horizontal, calcule el momento angular interno y el total respecto del origen de coordenadas. ¿Es necesaria la existencia de un momento de fuerza? Calcule el momento angular de ese sistema respecto de cualquier punto.

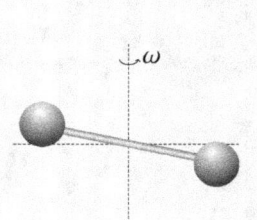

Solución:

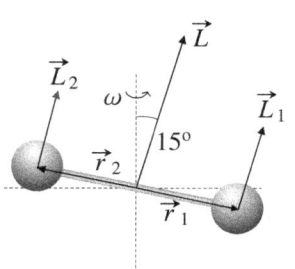

En la figura vemos los vectores momento angular, $\vec{L}_1$ y $\vec{L}_2$ de cada una de las esferas respecto del centro de masas, que podemos suponer perfectamente en el centro de la varilla. El módulo de cada momento viene dado por:

$$L_1 = L_2 = \frac{l}{2}v. \tag{3.62}$$

Estos vectores, que son paralelos entre sí, forman un ángulo también de 15° con la vertical. El momento angular interno total tendrá un módulo, L_{int}, doble de L_1 (y L_2), $L_{\text{int}} = lv$ y también forma un ángulo de 15° con la vertical. Este momento angular no es constante en el tiempo, debido a que su dirección no coincide con el eje de giro, luego está también girando. Tiene que haber, por tanto, fuerzas actuando sobre el sistema que produzcan un momento de fuerzas respecto del centro de masas. El momento angular interno lo podemos escribir como:

$$\vec{L}_{\text{int}} = L_{\text{int}} \operatorname{sen} 15° (\cos(\omega t)\vec{\imath} + \operatorname{sen}(\omega t)\vec{\jmath}) + L_{\text{int}} \cos 15° \vec{k}, \tag{3.63}$$

donde usamos un sistema de referencia en el que el eje z coincide con la vertical. Derivando lo anterior respecto del tiempo obtenemos el momento de las fuerzas respecto del centro de masas:

$$\vec{M}_{\text{int}} = \frac{d\vec{L}_{\text{int}}}{dt} \quad \Rightarrow \quad \boxed{\vec{M}_{\text{int}} = lv\omega \operatorname{sen} 15° (-\operatorname{sen}(\omega t)\vec{\imath} + \cos(\omega t)\vec{\jmath}).} \tag{3.64}$$

El momento angular total, $\vec{L}$, respecto del origen del sistema de referencia o de cualquier otro punto lo podemos calcular con:

$$\vec{L} = m\vec{r}_{\text{cm}} \times \vec{v}_{\text{cm}} + \vec{L}_{\text{int}}. \tag{3.65}$$

Donde $\vec{r}_{\text{cm}}$ es el vector de posición del centro de masa respecto del punto, m_T es la masa total del sistema de partículas, en nuestro caso igual a $2m$, y $\vec{v}_{\text{cm}}$ es la velocidad del centro de masas. En nuestro caso, podemos considerar que esta última velocidad es cero, por lo que $\vec{L} = \vec{L}_{\text{int}}$.

Problema 3.17

Dos patinadores parten, uno al encuentro del otro, desde una distancia de separación de 45 m. Uno de ellos, de 62 kg, parte con una velocidad de 26 km/h. ¿Con qué velocidad debe partir el otro para que ambos se detengan al colisionar? ¿En qué lugar se da el alcance? El segundo patinador tiene una masa de 77 kg.

Solución:

Si consideramos a los dos patinadores como un sistema de dos partículas, como tras el choque el momento lineal total debe conservarse, el momento lineal total inicial debe ser cero:

$$m_1 v_1 = m_2 v_2 \quad \Rightarrow \quad v_2 = \frac{m_1}{m_2} v_1 = \frac{62}{77} 26 \quad \Rightarrow \quad \boxed{20,9 \text{ km/h.}} \qquad (3.66)$$

El punto de encuentro lo sacamos a partir de:

$$v_1 t = 45 - v_2 t, \qquad (3.67)$$

Llamamos $x = v_1 t$ a la distancia desde el punto de salida del primer patinador:

$$x = 45 - \frac{m_1}{m_2} v_1 t \quad \Rightarrow \quad x = 45 - \frac{m_1}{m_2} x \quad \Rightarrow \quad x = \frac{m_2}{m_1 + m_2} 45 \quad \Rightarrow \quad \boxed{x = 24,9 \text{ m.}}$$
$$(3.68)$$

Tema 4

Movimiento plano del sólido rígido

Problema 4.1

Calcule el ángulo máximo con la horizontal que tiene que tener un plano inclinado para que un cilindro macizo y homogéneo de masa m y radio R pueda caer rodando sin deslizar sabiendo que el coeficiente de rozamiento estático es μ_e.

Solución:

Para que el cilindro caiga rodando sin deslizar por el plano inclinado tiene que verificarse la condición de rodadura: $a = \alpha R$, siendo a la aceleración con la que cae el centro de masas, α la aceleración angular y R el radio del cilindro. Para que haya aceleración angular debe existir un momento de fuerzas respecto del centro de masas. Este momento lo produce la fuerza de rozamiento, que podemos considerar estático.

$$f_r R = I\alpha, \qquad (4.1)$$

I es el momento de inercia del cilindro respecto de su eje, que en el caso de un cilindro macizo y homogéneo es $I = 1/2 mR^2$. A mayor α, mayor tiene que ser la fuerza de rozamiento para producir el momento de fuerzas suficiente, pero sabemos que esta fuerza de rozamiento tiene un valor máximo,

$$f_{r\,\text{máx}} = \mu_e P_N = \mu_e mg \cos\theta, \tag{4.2}$$

donde P_N es la fuerza normal que mantiene las superficies en contacto, en nuestro caso la componente del peso normal al plano inclinado, por lo que θ es el ángulo del plano inclinado. Vemos que conforme aumentamos ese ángulo, menor es el valor de la fuerza de rozamiento máxima. Por otro lado, la aceleración del centro de masas cumple

$$P_T - f_r = ma \quad \Rightarrow \quad ma = mg\,\text{sen}\,\theta - f_r. \tag{4.3}$$

Si el cilindro rueda sin deslizar reescribimos la expresión (4.1) como

$$f_r R = I\frac{a}{R} \quad \Rightarrow \quad f_r = I\frac{a}{R^2} = \frac{1}{2}m\cancel{R^2}\frac{a}{\cancel{R^2}} \quad \Rightarrow \quad f_r = \frac{ma}{2}. \tag{4.4}$$

Sustituyendo (4.3) en (4.4) obtenemos

$$f_r = \frac{1}{2}(mg\,\text{sen}\,\theta - f_r) \quad \Rightarrow \quad \frac{3}{2}f_r = \frac{1}{2}mg\,\text{sen}\,\theta \quad \Rightarrow \quad f_r = \frac{1}{3}mg\,\text{sen}\,\theta, \tag{4.5}$$

que nos dice que la fuerza de rozamiento necesaria para rodar sin deslizar aumenta con el ángulo, θ, del plano inclinado. Cuando la f_r necesaria sea igual al valor máximo de la fuerza de rozamiento, expresión (4.2), tendremos el valor máximo, $\theta_{\text{máx}}$ del ángulo del plano inclinado.

$$\mu_e \cancel{mg} \cos\theta_{\text{máx}} = \frac{1}{3}\cancel{mg}\,\text{sen}\,\theta_{\text{máx}} \quad \Rightarrow \quad \tan\theta_{\text{máx}} = 3\mu_e \quad \Rightarrow \quad \boxed{\theta_{\text{máx}} = \tan^{-1}(3\mu_e).} \tag{4.6}$$

Problema 4.2

Dejamos caer, partiendo del reposo, una esfera homogénea de masa $M=500$ g y radio $R=5$ cm desde una altura $h=60$ cm por un plano inclinado 30°. La esfera en todo mo-

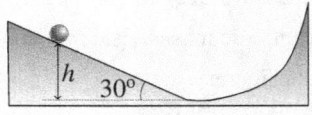

mento rueda sin deslizar, ¿con que velocidad llegará al suelo? ¿A qué altura llegará al subir por la superficie curvada que hay a continuación del plano inclinado?

Solución:

Este es un problema de conservación de energía mecánica, pero donde la energía cinética tiene dos términos: la energía cinética de movimiento del centro de masas más la energía cinética de rotación de la esfera. La energía mecánica inicial es sólo energía potencial gravitatoria

$$E_{m0} = Mgh, \qquad (4.7)$$

y la final, cuando llega al final del plano inclinado, es sólo energía cinética

$$E_{mf} = \frac{1}{2}Mv^2 + \frac{1}{2}I\omega^2. \qquad (4.8)$$

I es el momento de inercia de la esfera respecto de un eje que pasa por su centro, $I = 2/5MR^2$, y v es la velocidad del centro de masas. Como la esfera rueda sin deslizar, se cumple la condición de rodadura, $v = \omega R$.

$$E_{mf} = \frac{1}{2}Mv^2 + \frac{1}{2}\frac{2}{5}MR^2\left(\frac{v}{R}\right)^2 = Mv^2\left(\frac{1}{2} + \frac{1}{5}\right) \Rightarrow E_{mf} = \frac{7}{10}Mv^2. \qquad (4.9)$$

Igualando las energías mecánicas

$$E_{m0} = E_{mf} \Rightarrow Mgh = \frac{7}{10}Mv^2 \Rightarrow v = \sqrt{\frac{10gh}{7}} \Rightarrow \boxed{v = 2{,}9 \text{ m/s.}} \qquad (4.10)$$

La velocidad angular con que llega al suelo es

$$\omega = \frac{v}{R} = \frac{2{,}9}{0{,}6} \Rightarrow \boxed{\omega = 4{,}83 \text{ rad/s.}} \qquad (4.11)$$

Cuando la esfera comienza a subir por la superficie curva comenazará a perder energía cinética y se detendrá cuando toda la energía se haya convertido en energía potencial, por lo tanto se detiene cuando la altura en esa superficie sea igual a la inicial, h=60 cm.

Problema 4.3

Dejamos caer una bolita de radio r por el interior de una superficie en forma de semicírculo de radio R de manera que la bolita rueda sin deslizar por la superficie. Calcule la aceleración de la bolita y su aceleración angular de rotación en función de la altura.

Solución:

Vamos a llamar β al ángulo que forma la vertical con una línea que pase por el centro de la superficie curvada y la bolita. La fuerza neta tangencial a la superficie que actúa sobre la bolita es la que determina la aceleración, a, con la que se mueve el centro de masas

$$ma = mg \operatorname{sen}\beta - f_r, \tag{4.12}$$

donde f_r es la fuerza de rozamiento. La rotación de la bolita viene determinada por el momento de la fuerza de rozamiento, f_r, respecto del centro de masas.

$$f_r r = I\alpha. \tag{4.13}$$

Aplicando la condición de rodadura, $\alpha = a/r$, y que el momento de inercia de una esfera maciza y homogénea de radio R y masa M respecto de cualquier eje que pase por su centro es $I = 2/5 MR^2$, lo anterior nos queda como

$$f_r = \frac{2}{5}mr^2\frac{a}{r^2} \quad\Rightarrow\quad f_r = \frac{2}{5}ma. \tag{4.14}$$

Que podemos sustituir en (4.12):

$$\cancel{m}a = \cancel{m}g\operatorname{sen}\beta - \frac{2}{5}\cancel{m}a \quad\Rightarrow\quad a = \frac{g}{1+\frac{2}{5}}\operatorname{sen}\beta = \frac{7}{5}g\operatorname{sen}\beta. \tag{4.15}$$

Nos piden la aceleración en función de la altura, h, que vamos a medir desde el punto más bajo de la superficie, por lo que el punto más alto se encuentra a una altura R. Podemos escribir

$$h = R(1-\cos\beta) \quad\Rightarrow\quad \cos\beta = 1 - \frac{h}{R} \quad\Rightarrow\quad \cos^2\beta = \left(1-\frac{h}{R}\right)^2. \tag{4.16}$$

Usando la identidad $\cos^2\beta + \operatorname{sen}^2\beta = 1$, escribimos

$$\operatorname{sen}\beta = \sqrt{1-\left(1-\frac{h}{R}\right)^2} \quad\Rightarrow\quad \boxed{a = \frac{7}{5}g\sqrt{1-\left(1-\frac{h}{R}\right)^2}.} \tag{4.17}$$

Para obtener la aceleración angular, α, solo tenemos que dividir lo anterior por el radio r de la bolita.

$$\boxed{\alpha = \frac{7}{5r}g\sqrt{1-\left(1-\frac{h}{R}\right)^2}.} \tag{4.18}$$

Problema 4.4

Un cilindro macizo y homogéneo de masa m_1 y radio R_1 está rotando con velocidad angular ω_1 alrededor de su eje. Si encima de él colocamos otro cilindro macizo y homogéneo de masa m_2 y radio R_2 inicialmente en reposo y de manera que los ejes de ambos cilindros coincidan, calcule la velocidad angular con que terminan girando ambos cilindros y diga si la energía cinética se conserva.

Solución:

Al colocar el cilindro en reposo sobre el que está rotando, el primer cilindro, por efecto del rozamiento, empezará también a rotar. Como no hay fuerzas externas que produzcan un momento neto respecto del centro de masas, el momento angular de todo el sistema respecto al centro de masas tiene que ser igual antes y después de colocar un cilindro sobre el otro. El eje de los dos cilindros es coincidente, y coincidente con el eje de rotación. El momento angular del sistema, L_i justo antes de colocar un cilindro sobre el otro es

$$L_i = \omega_i I_1 = \omega_i \frac{1}{2} m_1 R_1^2. \tag{4.19}$$

Cuando los dos cilindros estén rotando juntos, el momento de inercia total, I, respecto del eje de rotación sera la suma de los momentos de inercia de cada cilindro respecto de su eje

$$I = I_1 + I_2 = \frac{1}{2}\left(m_1 R_1^2 + m_2 R_2^2\right). \tag{4.20}$$

El momento angular, L, final es

$$L_f = \omega_f I = \frac{\omega_f}{2}\left(m_1 R_1^2 + m_2 R_2^2\right). \tag{4.21}$$

Al conservarse el momento angular, como hemos dicho, igualamos las dos expresiones y despejamos la velocidad angular final, ω_f,

$$\frac{\omega_i}{\cancel{2}} m_1 R_1^2 = \frac{\omega_f}{\cancel{2}}\left(m_1 R_1^2 + m_2 R_2^2\right) \Rightarrow \boxed{\omega_f = \frac{\omega_i m_1 R_1^2}{m_1 R_1^2 + m_2 R_2^2}.} \tag{4.22}$$

La energía cinética de rotación justo antes y después de colocar el cilindro valen

$$E_{ci} = \frac{1}{2}\omega_i^2 I_1 \quad \text{y} \quad E_{cf} = \frac{1}{2}\omega_f^2(I_1+I_2) = \frac{1}{2}\left(\frac{\omega_i I_1}{I_1+I_2}\right)^2 (I_1+I_2) = \frac{1}{2}\frac{(\omega_i I_1)^2}{I_1+I_2}, \tag{4.23}$$

respectivamente. Si $E_{cf} - E_{ci} > 0$ es positiva habrá ganancia de energía, si es cero la energía se estaría conservando y si es negativa hay pérdida de energía. Vamos a comprobarlo, pero para $2(E_{cf} - E_{ci})$, que no altera el resultado y nos ahorra arrastrar el factor $1/2$ en los cálculos.

$$2(E_{cf} - E_{ci}) = \frac{(\omega_i I_1)^2}{I_1 + I_2} - \omega_i^2 I_1 = \frac{(\omega_i I_1)^2 - \omega_i^2 I_1 (I_1 + I_2)}{I_1 + I_2}$$
$$= \frac{(\omega_i I_1)^2 - (\omega_i I_1)^2 - \omega_i^2 I_1 I_2}{I_1 + I_2} = -\frac{\omega_i^2 I_1 I_2}{I_1 + I_2} \leq 0. \quad (4.24)$$

Esto es, sale siempre negativa, a excepción de cuando $\omega_i = 0$: no hay rotación inicial en el cilindro, por lo que la energía cinética disminuye en este proceso.

Problema 4.5

Tenemos dos discos unidos como en la figura. El disco que tiene un radio R_1=30 cm posee una masa m_1=5 kg, mientras que el disco de radio R_2=14 cm tiene una masa m_2=500 g y una cuerda enrollada a su alrededor. El coeficiente de rozamiento estático entre el disco y el suelo es μ_e=0,8. Determine el valor máximo de la fuerza con la que podemos tirar de la cuerda para que el sistema ruede sin deslizar.

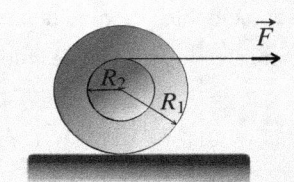

Solución:

Planteamos las ecuaciones del sistema. Primero la de la dinámica de una partícula. El centro de masas está sujeto a la fuerza que tira de él y al rozamiento, que trata de frenarlo,

$$F - f_r = Ma, \quad (4.25)$$

donde a es la aceleración y $M = m_1 + m_2$ es la masa total del sistema formado por los dos discos. Tanto la fuerza F como la fuerza de rozamiento f_r producen un momento respecto del centro de masas. El sentido de los dos vectores momento es el mismo, hacia dentro del plano,

$$FR_2 + f_r R_1 = \alpha I, \quad (4.26)$$

I es el momento de inercia de todo el sistema respecto del eje de rotación y α es la aceleración angular. Para que el sistema ruede sin deslizar se tiene que verificar que $a = \alpha R_1$.

$$FR_2 + f_r R_1 = \frac{aI}{R_1} \Rightarrow \frac{FR_2 R_1 + f_r R_1^2}{I} = \frac{F - f_r}{M}, \qquad (4.27)$$

donde hemos usado (4.25) para quitar a. Despejando tenemos

$$FR_2 R_1 M + f_r R_1^2 M = IF - I f_r \Rightarrow F = \frac{f_r(I + R_1^2 M)}{I - R_2 R_1 M}. \qquad (4.28)$$

Como la fuerza de rozamiento tiene un valor máximo dado por $f_{r\,\text{máx}} = \mu_c M g$, habrá una $F_{\text{máx}}$ tal que la fuerza de rozamiento necesaria para rodar sin deslizar alcanza su valor máximo.

$$F_{\text{máx}} = \frac{\mu_c M g (I + R_1^2 M)}{I - R_2 R_1 M}. \qquad (4.29)$$

Comprobamos que si no hay rozamiento, $\mu_c = 0$, el valor máximo de F es cero, el disco no podría rodar sin deslizar para cualquier fuerza que aplicáramos. El momento de inercia del sistema, I, respecto de eje de rotación es la suma de los momentos de inercia de ambos discos,

$$I = \frac{1}{2} m_1 R_1^2 + \frac{1}{2} m_2 R_2^2 = \frac{1}{2} \cdot 5 \cdot 0{,}3^2 + \frac{1}{2} \cdot 0{,}5 \cdot 0{,}14^2 = 230 \text{ gm}^2. \qquad (4.30)$$

La masa total es la suma de ambas masas, $M = 2{,}5$ kg. Sustituyendo en (4.29) obtenemos

$$F_{\text{máx}} = \frac{0{,}8 \cdot 2{,}5 \cdot 9{,}8 (0{,}230 + 0{,}3^2 \cdot 2{,}5)}{0{,}230 - 0{,}14 \cdot 0{,}3 \cdot 2{,}5} \Rightarrow \boxed{F_{\text{máx}} = 71{,}3 \text{ N.}} \qquad (4.31)$$

Problema 4.6

Un camión va cargado de tal manera que su centro de masas está a $h = 0{,}75$ m de altura. El ancho entre las ruedas es de $l = 2{,}3$ m y quiere tomar una curva de 20 m de radio sin volcar. ¿Cuál es la velocidad máxima que puede llevar?

Solución:

Vamos a analizar el problema desde el punto de vista de un observador en un sistema de referencia no inercial. Al coger la curva, el camión experimenta una fuerza centrifuga, F_c, que es igual a v^2/R, donde v es la velocidad del camión y R es el radio de la curva. En la figura vemos las fuerzas que intervienen: el peso, $\vec{P}$, la fuerza centrífuga, $\vec{F}_c$, y la fuerza de rozamiento, $\vec{f}_r$, de las ruedas con el asfalto. Vamos a calcular los momentos de estas fuerzas respecto del punto de contacto de la rueda de la izquierda con el asfalto.

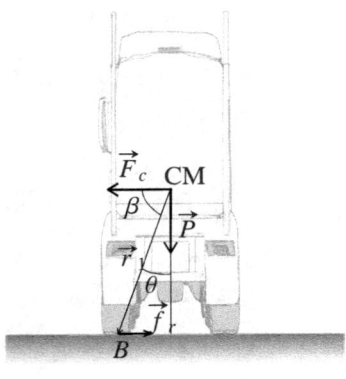

La fuerza de rozamiento produce un momento nulo respecto de ese punto y las otras dos fuerzas producen unos momentos de distinto signo. Si el momento del peso respecto de ese punto es mayor que el momento de la fuerza centrífuga, el camión sigue su curso, ya que ese momento neto es cancelado por el momento del peso respecto de la otra rueda, pero si el momento de la fuerza centrífuga es mayor que el del peso, entonces el camión volcará. Calculamos, por tanto, la velocidad a la que esos dos momentos son iguales en módulo y esa será la velocidad máxima, $v_{\text{máx}}$, que podrá llevar el camión para no volcar. El módulo del momento del peso, M_P, es

$$M_P = \left| \vec{r}_1 \times \vec{P} \right| = r_1 P \operatorname{sen} \theta. \tag{4.32}$$

El ángulo θ viene dado por

$$\theta = \tan^{-1}\left(\frac{l}{2h}\right) = \tan^{-1}\left(\frac{2,3}{2 \cdot 0,75}\right) = 56{,}89°. \tag{4.33}$$

El módulo del momento de la fuerza centrífuga es

$$M_{F_c} = \left| \vec{r}_1 \times \vec{F}_c \right| = r_1 F_c \operatorname{sen} \beta = r_1 F_c \cos \theta. \tag{4.34}$$

El último pasa porque $\theta + \beta = 90°$, luego $\operatorname{sen} \beta = \cos \theta$.

Igualando las expresiones (4.32) y (4.34) encontramos la velocidad máxima

$$\cancel{m}P \operatorname{sen} \theta = \cancel{m}F_c \cos \theta \;\Rightarrow\; \cancel{m}g \tan \theta = \frac{\cancel{m}v_{\text{máx}}^2}{R} \;\Rightarrow\; v_{\text{máx}} = \sqrt{gR \tan \theta}. \tag{4.35}$$

Sustituyendo los valores del radio, R, de la curva y el ángulo θ

$$v_{\text{máx}} = \sqrt{9{,}8 \cdot 20 \tan 56{,}89°} \;\Rightarrow\; \boxed{v_{\text{máx}} = 17{,}33 \text{ m/s} = 62{,}4 \text{ km/h.}} \tag{4.36}$$

Problema 4.7

Un disco de radio R rueda sin deslizar con una velocidad angular ω. ¿Qué velocidad lleva el punto del disco que está a mayor altura? ¿Cuál es su dirección y sentido?

Solución:

En este problema tenemos que emplear la relación entre velocidades de dos puntos de un sólido rígido:

$$\vec{v}_B = \vec{v}_A \times \vec{r}_{BA}, \tag{4.37}$$

donde $\vec{v}_A$ es la velocidad del punto A, $\vec{v}_B$ la velocidad del punto B y $\vec{r}_{BA}$ es el vector de posición del punto B respecto del punto A.

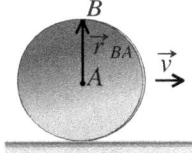

Escogemos el centro de masas, el centro del disco, como punto A y el punto que está a mayor altura como punto B, como vemos en la figura. Fijemos un sistema de referencia en el centro del disco y cuyo eje y es el eje vertical y cuyo eje x es horizontal y está en el plano de movimiento, siendo positivo hacia la derecha. El eje z sería, por tanto, perpendicular al plano del movimiento y escogemos como sentido positivo apuntando hacia nosotros. Con esta elección de los sentidos de los ejes tenemos un sistema de referencia dextrógiro, $\vec{i} \times \vec{j} = \vec{k}$. Las coordenadas de $\vec{v}_a$ y $\vec{r}_{BA}$ en este sistema serían

$$\vec{v}_A = v\vec{i} \quad \text{y} \quad \vec{r}_{BA} = R\vec{j}. \tag{4.38}$$

Como el disco rueda sin deslizar se verifica que $\omega R = v$, por lo que el vector velocidad angular tendría las coordenadas

$$\vec{\omega} = -\frac{v}{R}\vec{k}. \tag{4.39}$$

Y ya solo tenemos que sustituir en (4.37),

$$\vec{v}_B = v\vec{i} - \frac{v}{R}\vec{k}R\vec{j} = v\vec{i} - v\vec{k} \times \vec{j} = v\vec{i} + v\vec{i} \quad \Rightarrow \quad \boxed{\vec{v}_B = 2v\vec{i}.} \tag{4.40}$$

Ya que en este sistema de referencia $\vec{k}\vec{j} = -\vec{i}$, y comprobamos que este punto se mueve al doble de velocidad que el centro de masas.

> **Problema 4.8**
>
>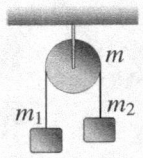
>
> Tenemos una polea de radio $R = 10$ cm y masa $m = 2$ kg. Suspendemos dos objetos de masas $m_1 = 3$ kg y $m_2 = 5$ kg a ambos lados de la polea por medio de un hilo inextensible y de masa despreciable. Calcule la aceleración con la que se mueven esos dos objetos y las tensiones que sufren las cuerdas.

Solución:

Para resolver este problema vamos a suponer que m_1 es la masa que cae y m_2 es la masa que sube. Cuando obtengamos valores numéricos, según el signo, esto sería así o al contrario. Planteamos, en primer lugar, la ecuaciones de la dinámica de una partícula

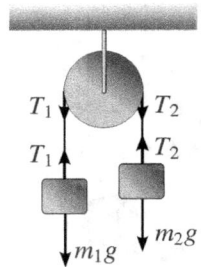

$$m_1 g - T_1 = m_1 a \quad \text{y} \quad T_2 - m_2 g = m_2 a. \qquad (4.41)$$

Como el hilo es inextensible, ambas masas tienen que moverse con la misma aceleración a. Ahora planteamos la ecuación de la dinámica de rotación de la polea

$$M = I\alpha \quad \Rightarrow \quad T_1 \cancel{R} - T_2 \cancel{R} = \frac{1}{2} m R^{\cancel{2}} \alpha. \qquad (4.42)$$

Donde $T_i R$ es el módulo del momento de la tensión i, que tienen la misma dirección, pero sentido contrario. Como podemos considerar que la polea rueda sin deslizar por el hilo, aplicamos la condición de rodadura $\alpha R = v$, y nos queda

$$T_1 - T_2 = \frac{1}{2} m \cancel{R} \frac{a}{\cancel{R}} \quad \Rightarrow \quad T_1 - T_2 = \frac{1}{2} m a. \qquad (4.43)$$

Sumamos las expresiones en (4.41) y obtenemos

$$(m_1 - m_2) g + T_2 - T_1 = (m_1 + m_2) a. \qquad (4.44)$$

Sustituimos (4.43) en (4.44),

$$(m_1 - m_2) g - \frac{1}{2} m a = (m_1 + m_2) a, \qquad (4.45)$$

donde podemos despejar la aceleración

$$a = \frac{(m_1 - m_2) g}{m_1 + m_2 + m/2}. \qquad (4.46)$$

Sustituyendo los valores numéricos del enunciado

$$a = \frac{(3-5)9{,}8}{3+5+2/2} \quad \Rightarrow \quad \boxed{a = -2{,}18 \text{ m/s}^2.} \qquad (4.47)$$

Al salir negativo es m_2 la que cae y m_1 la que sube; sentido contrario al tomado inicialmente.

Para calcular las tensiones usamos (4.41),

$$T_1 = m_1(g-a) = 3(9{,}8+2{,}18) \quad \Rightarrow \quad \boxed{T_1 = 35{,}94 \text{ N.}} \qquad (4.48)$$

y

$$T_2 = m_2(g+a) = 5(9{,}8-2{,}18) \quad \Rightarrow \quad \boxed{T_2 = 38{,}1 \text{ N.}} \qquad (4.49)$$

Problema 4.9

Dos poleas de radio R y masa despreciable están colocadas como en la figura. Una de ellas está sujeta al techo mientras que la otra es móvil. Calcule el valor mínimo que tiene que tener m_1 para que m_2, partiendo del reposo, ascienda. Si le damos a m_1 un valor doble del valor mínimo obtenido anteriormente, calcule la aceleración con que se moverían ambas masas.

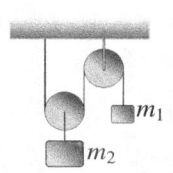

Solución:

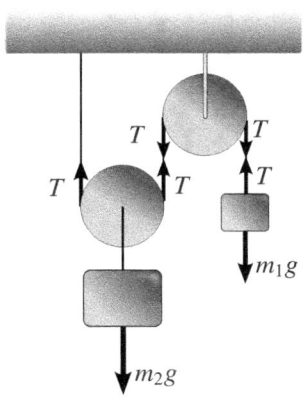

En la figura podemos ver la fuerzas que actúan. Por ser la masa de las poleas despreciable, la tensión, T, a cada lado de ellas es igual. Vamos a plantear las ecuaciones para obtener la aceleración suponiendo que, partiendo del reposo, m_1 sube y m_2 baja. Si al hacer el cálculo numérico sale una aceleración negativa es debido a que el sentido de movimiento es al contrario del supuesto. Para el movimiento de aceleración de los centros de masas de cada objeto tenemos las expresiones:

$$m_1 g - T = m_1 a, \qquad (4.50)$$

y

$$2T - m_2 g = m_2 a. \qquad (4.51)$$

Es fácil despejar T en la ecuación (4.50) y sustituir en (4.51),

$$2(g-a)m_1 - m_2 g = m_2 a \quad \Rightarrow \quad a = \frac{2m_1 - m_2}{m_2 + 2m_1} g. \qquad (4.52)$$

Vemos que cuando $m_1 > m_2/2$ la aceleración es positiva, indicando que m_1 sube y m_2 baja, al contrario sucede cuando $m_1 < m_2/2$. La masa mínima de m_1 para que m_2 suba es $m_{1;\text{mín}} = m_2/2$. Si tenemos que $m_1 = 2m_{1;\text{mín}} = m_2$, sustituyendo en la ecuación de la aceleración, (4.52),

$$a = \frac{2m_2 - m_2}{2m_2 + m_2} g \quad \Rightarrow \quad \boxed{a = \frac{1}{3} g.} \qquad (4.53)$$

Problema 4.10

Resuelva ahora el problema 4.9, pero cuando ambas poleas tienen una masa, m_p, no despreciable.

Solución:

Las fuerzas que actúan en el sistema están representadas en la figura, básicamente las tensiones de las cuerdas y los pesos de las masas. Al ser la masa de las poleas no despreciable, las tensiones a cada lado de la polea no tienen que ser iguales. Las ecuaciones de movimiento de una partícula serían:

$$m_1 g - T_1 = m_1 a \qquad (4.54)$$

y

$$T_2 + T_3 - (m_2 + m_p)g = (m_2 + m_p)a. \qquad (4.55)$$

Suponemos hilos inextensibles y que las poleas rueden sobre los hilos sin deslizar, por lo que la aceleración con la que suba m_2 es igual a la aceleración con que baja $m1$. Por otro lado tenemos las ecuaciones de rotación de las poleas.

$$(T_1 - T_2)R = \alpha I \quad \text{y} \quad (T_2 - T_3)R = \alpha I. \qquad (4.56)$$

Donde el momento de inercia, I, de ambas poleas es igual a $1/2 m_p R^2$ y donde, por rodar sin deslizar, tenemos que la aceleración angular α de ambas poleas es también igual. Además, podemos usar la condición de rodadura para escribir $\alpha = a/R$. Las ecuaciones de rotación se quedan como:

$$T_1 - T_2 = \frac{1}{2}m_p a \tag{4.57}$$

y

$$T_2 - T_3 = \frac{1}{2}m_p a. \tag{4.58}$$

Tenemos cuatro ecuaciones y cuatro incógnitas a, T_1, T_2 y T_3. Vamos a simplificarlas, a la expresión (4.58) le sumamos (4.57) multiplicada por dos,

$$(T_2 - T_3) + 2(T_1 - T_2) = \frac{1}{2}m_p a + 2\frac{1}{2}m_p a \quad \Rightarrow \quad T_2 + T_3 = -\frac{3}{2}m_p a + 2T_1, \tag{4.59}$$

que podemos sustituir en (4.55),

$$-\frac{3}{2}m_p a + 2T_1 - (m_2 + m_p)g = (m_2 + m_p)a. \tag{4.60}$$

Y ahora quitamos T_1 despejando de la ecuación (4.54), $T_1 = m_1(g - a)$,

$$-\frac{3}{2}m_p a + 2m_1(g - a) - (m_2 + m_p)g = (m_2 + m_p)a, \tag{4.61}$$

despejando la aceleración a,

$$a = \frac{2m_1 - m_2 - m_p}{m_2 + 2m_1 + \frac{5}{2}m_p}g. \tag{4.62}$$

Vemos que para $m_1 < (m_2 + m_p)/2$ la aceleración es o cero o negativa, lo que indicaría que o está en reposo o que se mueve en sentido contrario al que hemos supuesto positivo, esto es, m_1 estaría subiendo y m_2 bajando. Por lo tanto, el valor mínimo de m_1 es $(m_2 + m_p)/2$. Si hacemos que m_1 sea dos veces el valor mínimo, $m_1 = m_2 + m_p$,

$$a = \frac{2m_2 + 2m_p - m_2 - m_p}{m_2 + 2m_2 + 2m_p + \frac{5}{2}m_p}g \quad \Rightarrow \quad \boxed{a = \frac{m_2 + m_p}{3m_2 + \frac{9}{2}m_p}g.} \tag{4.63}$$

Problema 4.11

Una varilla homogénea de longitud $2l$ y peso P está alojada entre una pared lisa y una clavija lisa (que no tienen rozamiento). Calcule el ángulo entre la pared y la varilla correspondiente al

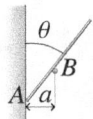

equilibrio y, además, las reacciones en A y B.

Solución:

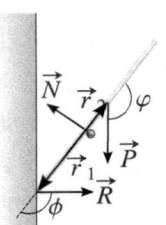

Para que la varilla esté en equilibrio se tiene que dar que la suma de todas las fuerzas y todos los momentos de las fuerzas sea igual a cero. Nosotros vamos a calcular los momentos de fuerza respecto de la posición de la clavija. En este problema solo actúan tres fuerzas: el peso $\vec{P}$, la reacción de la clavija $\vec{N}$ y la reacción de la pared, $\vec{R}$, como podemos ver en la figura. Para que haya equilibrio, el centro de masas de la varilla tiene que estar más alejado de la pared que la clavija. En caso contrario los momentos del peso y la reacción de la pared respecto de la clavija actuarían en la misma dirección y no podrían cancelarse, que es lo que necesitamos para que esté en equilibrio. La reacción de la clavija, $\vec{N}$ forma un ángulo con la horizontal igual a θ, lo que es fácil de comprobar ya que la dirección de $\vec{N}$ y la horizontal son perpendiculares a las lineas que forman el ángulo θ: la vertical y la varilla, por lo que ambos ángulos tienen que ser iguales. La componente horizontal y vertical de $\vec{N}$ tienen que cancelar a las otras fuerzas,

$$N\cos\theta = R \quad \text{y} \quad N\,\text{sen}\,\theta = P. \tag{4.64}$$

Los momentos de las fuerzas respecto de la clavija son, para $\vec{R}$:

$$\vec{M}_R = \vec{r}_1 \times \vec{R} \quad \Rightarrow \quad |\vec{M}_R| = r_1 R\,\text{sen}\,\phi = r_1 R\cos\theta. \tag{4.65}$$

Donde hemos usado $\phi = \pi/2 + \theta$ para escribir $\text{sen}\,\phi = \cos\theta$. El módulo de $\vec{r}_1$, la distancia de la clavija al extremo de la varilla que toca la pared, viene dado por $r_1 = a/\text{sen}\,\theta$. El momento del peso es

$$\vec{M}_P = \vec{r}_2 \times \vec{P} \quad \Rightarrow \quad |\vec{M}_P| = r_2 P\,\text{sen}\,\varphi = r_2 P\,\text{sen}\,\theta. \tag{4.66}$$

Donde $\text{sen}\,\theta = \text{sen}\,\varphi$ debido a que se verifica que $\pi - \theta = \varphi$. El módulo de $\vec{r}_2$, que es la distancia del centro de masas a la clavija, es $r_2 = l/2 - r_1 = l/2 - a/\text{sen}\,\theta$. La reacción de la clavija, $\vec{N}$, tiene momento nulo por coincidir su punto de aplicación con el punto respecto del cual calculamos los momentos. Comprobamos que los sentidos de los momentos de $\vec{R}$ y $\vec{P}$ son opuestos debido a que, como hemos dicho, el centro de masas está a una distancia de la pared mayor que a. Si los dos momentos tienen el mismo módulo, el momento neto es cero:

$$r_1 R \cos\theta = r_2 P \sen\theta \quad \Rightarrow \quad \frac{aR\cos\theta}{\sen\theta} = \left(\frac{l}{2} - \frac{a}{\sen\theta}\right) P \sen\theta. \qquad (4.67)$$

Dividiendo las relaciones (4.64) encontramos

$$R = \frac{\cos\theta}{\sen\theta} P, \qquad (4.68)$$

que podemos introducir en (4.67)

$$\frac{a\cancel{P}\cos^2\theta}{\sen^2\theta} = \left(\frac{l}{2} - \frac{a}{\sen\theta}\right) \cancel{P}\sen\theta \quad \Rightarrow \quad \frac{a\cos^2\theta}{\sen^2\theta} + a = \frac{l\sen\theta}{2} \quad \Rightarrow$$

$$\Rightarrow \quad \frac{a\overbrace{(\cos^2\theta + \sen^2\theta)}^{1}}{\sen^2\theta} = \frac{l\sen\theta}{2} \quad \Rightarrow \quad \sen^3\theta = \frac{2a}{l} \quad \Rightarrow \qquad (4.69)$$

$$\Rightarrow \quad \boxed{\theta = \sin^{-1}\left(\frac{2a}{l}\right)^{1/3}.}$$

Con este ángulo de equilibrio obtenemos el valor de las reacciones por medio de (4.64),

$$N = \frac{P}{\sen\theta} \quad \Rightarrow \quad \boxed{P\left(\frac{l}{2a}\right)^{1/3},} \qquad (4.70)$$

y

$$R = N\cos\theta = N\left(1 - \sen^2\theta\right)^{1/2} \quad \Rightarrow \quad \boxed{R = P\sqrt{\left(\frac{l}{2a}\right)^{2/3} - 1.}} \qquad (4.71)$$

Problema 4.12

Tenemos un sistema de dos poleas unidas por su eje de manera que rotan de forma solidaria. Las poleas están en vertical y con su eje unido al techo por medio de un soporte. Alrededor de ambas poleas enrollamos un hilo inextensible y de masa despreciable de manera que cuelga un solo extremo de cada hilo a cada lado de las poleas. La primera polea tiene una masa $m_1 = 1{,}5$ kg y un radio de $r_1 = 84{,}6$ cm y la segunda polea una masa $m_2 = 120$ g y un radio de 33,1 cm. En el hilo de la primera polea colgamos un objeto de masa $m_p = 10{,}4$ kg. Calcule el valor máximo de la masa de un objeto que podría subir si lo atáramos al hilo de la segunda polea y empujado sólo por la masa m_p. Si aplicamos una tensión $T = 47$ N al hilo de cada polea, obtenga la aceleración angular con que giraría. Considere cada polea como un disco macizo de densidad de masa constante.

Solución:

Para que pueda subir el objeto en el hilo de la segunda polea el momento de la tensión del hilo de la primera tiene que ser mayor que el momento de la tensión en el hilo de la segunda polea. El valor máximo de la masa, $m_{\max}$ lo dará la igualdad:

$$m_p g r_1 = m_{\max} g r_2 \quad \Rightarrow \quad m_{\max} = \frac{r_1}{r_2} m_p = \frac{84{,}6}{33{,}1} 10{,}4 \quad \Rightarrow \quad \boxed{m_{\max} = 27 \text{ kg.}} \tag{4.72}$$

Si aplicamos dos tensiones iguales, el momento de fuerza total sobre las poleas es:

$$M = T r_1 - T r_2 = T(r_1 - r_2). \tag{4.73}$$

Que tiene que ser igual a $I\alpha$, donde I es el momento de inercia de ambas poleas respecto del eje de giro:

$$T(r_1 - r_2) = I\alpha \quad \Rightarrow \quad \alpha = \frac{T(r_1 - r_2)}{\frac{1}{2}\left(m_1 r_1^2 + m_2 r_2^2\right)}. \tag{4.74}$$

Sustituyendo y operando obtenemos:

$$\boxed{\alpha = 44{,}5 \text{ rad/s.}} \tag{4.75}$$

Problema 4.13

Calcule el momento angular de un sólido rígido que está en rotación alrededor de un eje de simetría con velocidad angular ω, respecto de cualquier punto de ese eje.

Solución:

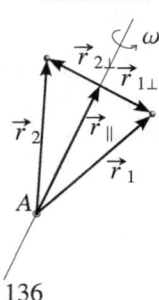

Por sencillez, vamos a suponer que el sólido rígido es un sistema de partículas discreto, pero la conclusión es directamente extrapolable a un sistema continuo. Al ser el eje de rotación un eje de simetría, por cada partícula de masa m situada a una distancia d del eje de rotación, existe otra partícula, también de masa m, situada a la misma distancia d. Las dos partículas están sobre una línea que es perpendicular al eje de rotación, como vemos en la figura. El momento angular, $\vec{L}_2$, de las dos partículas respecto del punto A, situado en el eje de rotación es

$$\vec{L}_2 = \vec{r}_1 \times m\vec{v}_1 + \vec{r}_2 \times m\vec{v}_2, \qquad (4.76)$$

donde $\vec{r}_1$ y $\vec{r}_2$ son los vectores de posición de ambas partículas respecto del punto A. En la figura vemos también que los vectores de posición los podemos escribir como la suma de una componente paralela al eje de rotación más una componente perpendicular

$$\vec{r}_1 = \vec{r}_\| + \vec{r}_{1\perp} \quad \text{y} \quad \vec{r}_2 = \vec{r}_\| + \vec{r}_{2\perp}, \qquad (4.77)$$

con $\vec{r}_{1\perp} = -\vec{r}_{2\perp}$ y $|\vec{r}_{1\perp}| = |\vec{r}_{2\perp}| = d$. Las dos partículas están describiendo un círculo de radio d alrededor del eje de rotación y las velocidades de ambas están relacionadas por $\vec{v}_1 = -\vec{v}_2$ y, además, $|\vec{v}_1| = |\vec{v}_2| = \omega d$. Por esto, podemos escribir:

$$\begin{aligned}\vec{L}_2 &= m((\vec{r}_\| + \vec{r}_{1\perp}) \times \vec{v}_1 + (\vec{r}_\| + \vec{r}_{2\perp}) \times \vec{v}_2) \\ &= m((\vec{r}_\| + \vec{r}_{1\perp}) \times \vec{v}_1 - (\vec{r}_\| - \vec{r}_{1\perp}) \times \vec{v}_1) \\ &= m(\vec{r}_\| \times \vec{v}_1 - \vec{r}_\| \times \vec{v}_1 + \vec{r}_{1\perp} \times m\vec{v}_1 + \vec{r}_{1\perp} \times m\vec{v}_1) \qquad (4.78) \\ &= \vec{r}_{1\perp} \times m\vec{v}_1 + \vec{r}_{1\perp} \times m\vec{v}_1 \\ &= \vec{r}_{1\perp} \times m\vec{v}_1 + \vec{r}_{2\perp} \times m\vec{v}_2.\end{aligned}$$

En palabras, el momento angular respecto del punto A de esas dos partículas, que son simétricas respecto del eje de rotación, es igual al momento angular de las dos partículas respecto de un punto del eje que está en medio de las dos; un punto situado a un distancia, d, igual al radio del círculo descrito por las partículas en su movimiento de rotación alrededor del eje. Este momento angular tendrá como dirección el mismo eje de rotación. Para calcular el momento total de todo el sólido rígido nos aprovechamos de esto, ya que para cualquier otra partícula del sólido existe una partícula simétrica respecto del eje de rotación, con un momento angular de las dos dado por (4.78) y cuya dirección es el eje de rotación. Como los momentos angulares de todos los pares de partículas simétricas tienen la misma dirección, para calcular el momento angular total nos basta con sumar los módulos del momento de cada partícula,

$$L = \sum_{i=1}^{N} |\vec{r}_{i\perp} \times m_i \vec{v}_i| = \sum_{i=1}^{N} d_i m_i \omega d_i = \omega \underbrace{\sum_{i=1}^{N} m_i d_i^2}_{I} \Rightarrow \boxed{L = I\omega,} \quad (4.79)$$

siendo I el momento de inercia del sólido rígido respecto del eje de rotación.

Problema 4.14

Calcule la velocidad de precesión de una peonza cuando su eje está inclinado un ángulo θ respecto de la vertical en función de su velocidad de giro, ω, de su masa, m, del momento de inercia respecto de su eje, I, y de la altura, h, de su centro de masas.

Solución:

En el problema (4.13) vimos que el momento angular de un sólido rígido en rotación alrededor de un eje de simetría, y respecto de cualquier punto de ese eje, es igual a la velocidad angular por el momento de inercia respecto del eje de rotación,

$$L = \omega I, \quad (4.80)$$

siendo su dirección el eje de rotación y el mismo sentido que el vector ω, tal y como vemos en la figura.

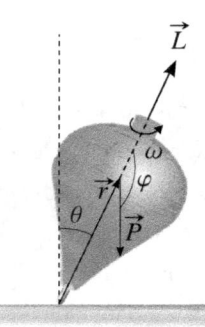

Las únicas fuerzas que actúan sobre la peonza son la reacción normal del suelo, el rozamiento y el peso. Si calculamos el momento de esas fuerzas respecto del punto de contacto de la peonza con el suelo, que es un punto del eje de rotación, vemos que solo el peso tiene un momento de fuerzas diferente de cero: el punto de aplicación de las otras fuerzas coincide con el punto respecto del cual calculamos el momento. El momento del peso es

$$\vec{M}_P = \vec{r} \times \vec{P} \quad \Rightarrow \quad M_P = hP \operatorname{sen} \varphi = hP \operatorname{sen} \theta. \quad (4.81)$$

$h = |\vec{r}|$ es la la distancia de la punta de la peonza al centro de masas de esta. Como $\varphi = \pi - \theta$, podemos hacer $\operatorname{sen} \theta = \operatorname{sen} \varphi$. Cuando la peonza esté vertical,

$\theta = 0$, el momento de fuerzas del peso es cero, pero para cualquier otro ángulo habrá un momento neto de fuerzas y eso hace que el momento angular no sea constante, ya que

$$\frac{d\vec{L}}{dt} = \vec{M}. \tag{4.82}$$

La dirección de este momento de fuerzas es perpendicular al plano que forman el eje de rotación y la vertical. Esto hace que la componente vertical de $\vec{L}$ no se vea afectada, pero sí la componente de $\vec{L}$ perpendicular a la vertical. Esta componente del momento angular describirá un círculo y $\vec{L}$ efectuará un movimiento de precesión con una velocidad angular ω_p. Escogemos un sistema de referencia tal que el eje z sea el eje vertical. La componente z del momento angular es

$$\vec{L}_z = \omega I \cos\theta \, \vec{k}, \tag{4.83}$$

mientras que la componente perpendicular a la vertical, $\vec{L}_\perp$, la podemos escribir como

$$\vec{L}_\perp = \omega I \operatorname{sen}\theta \left(\cos(\omega_p t)\vec{i} + \operatorname{sen}(\omega_p t)\vec{j} \right). \tag{4.84}$$

Derivando $\vec{L} = \vec{L}_z + \vec{L}_\perp$ obtenemos

$$\frac{d\vec{L}}{dt} = \frac{d\vec{L}_\perp}{dt} = \omega I \operatorname{sen}\theta \omega_p \left(-\operatorname{sen}(\omega_p t)\vec{i} + \cos(\omega_p t)\vec{j} \right), \tag{4.85}$$

cuyo módulo es

$$\left|\frac{d\vec{L}}{dt}\right| = \omega I \operatorname{sen}\theta \omega_p \underbrace{\sqrt{\cos^2\theta + \operatorname{sen}^2\theta}}_{1} \Rightarrow \left|\frac{d\vec{L}}{dt}\right| = \omega I \operatorname{sen}\theta \omega_p. \tag{4.86}$$

Igualando (4.86) con (4.81)

$$\omega I \operatorname{\not{sen}\theta}\omega_p = hP\operatorname{\not{sen}\theta} \Rightarrow \boxed{\omega_p = \frac{hmg}{\omega I}.} \tag{4.87}$$

Si no hubiera rozamiento, la fuerza total que actuaría sobre la peonza sería cero, ya que la reacción del suelo cancela el peso, por lo que el centro de masas estaría en reposo y, además de la rotación de la peonza alrededor de su eje, tendríamos una rotación de toda la peonza, con velocidad angular ω_p alrededor de un eje vertical que pasa por el centro de masas. Cuando hay rozamiento, este actúa de fuerza centrípeta para hacer que la peonza describa un movimiento circular, con velocidad angular ω_p también, alrededor de un eje vertical que pasa por el punto de contacto de la peonza con el suelo.

Tema 5

Movimiento ondulatorio, ondas sonoras

Problema 5.1

A qué distancia nos tenemos que poner de un foco de ondas esférico para que la intensidad que nos llegue sea una cuarta parte de la que llega en puntos situados a un metro del foco.

Solución:

Por el fenómeno de atenuación, la intensidad, I, de un foco de ondas esférico varía con la distancia, r, al mismo según la siguiente fórmula

$$I = \frac{P}{4\pi r^2}, \tag{5.1}$$

donde P es la potencia del foco, es fácil comprobar que la distancia son dos metros. Podemos plantear este problema de una forma más genérica: si a una distancia r_0 de un foco nos llega una intensidad I_0, calcule la distancia r_f a la que la intensidad sería igual a $I_f = fI_0$, siendo f un número positivo.

$$I_0 = \frac{P}{4\pi r_0^2} \quad \text{y} \quad I_f = \frac{P}{4\pi r_f^2}. \tag{5.2}$$

O bien, usando $I_f = fI_0$,

$$f\frac{\cancel{P}}{\cancel{4\pi} r_0^2} = \frac{\cancel{P}}{\cancel{4\pi} r_f^2} \quad \Rightarrow \quad r_f = \frac{r_0}{\sqrt{f}}. \tag{5.3}$$

Que podemos aplicar al caso del enunciado, en el que $r_0=1$ m y $f = 1/4$,

$$r_f = \frac{1}{\sqrt{\frac{1}{4}}} \quad \Rightarrow \quad \boxed{r_f = 2 \text{ m.}} \tag{5.4}$$

En este tipo de problemas estamos despreciando otros factores que podrían afectar al resultado, como reflexiones por obstáculos.

Problema 5.2

La intensidad de una onda se reduce en un 50 % cuando la distancia recorrida en un medio con absorción es de 3 m. ¿Cuánto vale el coeficiente de absorción de ese medio?

Solución:

Sabemos que cuando una onda se propaga en un medio con absorción, pero sin atenuación, la intensidad al recorrer una distancia x decae con la expresión:

$$I(x) = I(x = 0)e^{-\gamma x}. \tag{5.5}$$

Lo que es válido si el coeficiente de absorción, γ, es constante en todo el medio. En el enunciado nos dicen que $I(x) = 0{,}5I(x = 0)$, luego

$$0{,}5\cancel{I(x=0)} = \cancel{I(x=0)}e^{-\gamma x} \quad \Rightarrow \quad \ln 0{,}5 = -\gamma 3 \quad \Rightarrow \quad \boxed{\gamma = 0{,}23 \text{ m}^{-1}.} \tag{5.6}$$

Problema 5.3

Percibimos un sonido con un nivel de intensidad de 80 dB, ¿cuál será su intensidad?

Solución:

En este problema solo tenemos que despejar la intensidad, para tenerla en función del nivel de intensidad, a partir de la definición.

$$\beta = 10 \log_{10} \frac{I}{I_{\text{ref}}} \quad \Rightarrow \quad I = I_{\text{ref}} 10^{\beta/10}. \tag{5.7}$$

I_{ref} es la intensidad de referencia, igual a 10^{-12} W/m^2, y β es el nivel de intensidad. Sustituyendo en lo anterior

$$I = 10^{-12} 10^{80/10} \quad \Rightarrow \quad \boxed{I = 10^{-4} \frac{\text{W}}{\text{m}^2}.} \tag{5.8}$$

Problema 5.4

El sonido de un foco sonoro lo dejamos de percibir a 250 m. ¿Qué sensación sonora nos producirá a 45 m?

Solución:

Los sonidos de frecuencia 1 kHz se dejan de percibir cuando su nivel de intensidad es de 0 dB, aunque esto es en promedio: hay quien tiene un oído más sensible y quien lo tiene menos. Este umbral cambia con la frecuencia y tendríamos que conocer la distribución de niveles de intensidad por frecuencia y usar el umbral de percepción según la frecuencia para poder hacer un cálculo exacto. A la hora de hacer este problema y similares vamos, por simplicidad, a suponer que se deja de percibir cuando el nivel de intensidad es de 0 dB, sin importarnos su distribución de frecuencias. Una forma de hacerlo es calcular la potencia del foco usando la fórmula (5.1), sabiendo que a 250 m lo dejamos de percibir, esto es, que su intensidad a esa distancia es igual a la de referencia, 10^{-12} W/m^2. Una vez que tenemos la potencia podemos fácilmente calcular la intensidad cuando $r = 45$ m. Vamos, en cambio, a deducir una fórmula que nos permitirá hacer este cálculo de forma directa. Si un sonido lo percibimos, a una distancia r_1 del foco, con un nivel de intensidad β_1 y, ese mismo sonido, lo percibimos con un nivel de intensidad β_2 cuando estamos a una distancia del foco r_2, podemos escribir

$$\beta_1 = 10 \log_{10} \frac{I_1}{I_r},$$
$$\beta_2 = 10 \log_{10} \frac{I_2}{I_r}. \tag{5.9}$$

I_1 e I_2 son las intensidades a las distancias r_1 y r_2 del foco, respectivamente. Restamos las expresiones en (5.9)

$$\beta_1 - \beta_2 = 10 \log_{10} \frac{I_1}{I_{\text{ref}}} - 10 \log_{10} \frac{I_2}{I_{\text{ref}}} \Rightarrow \beta_1 - \beta_2 = 10 \log_{10} \frac{I_1/I_{\text{ref}}}{I_2/I_{\text{ref}}}. \tag{5.10}$$

Usando de nuevo (5.1)

$$\beta_1 - \beta_2 = 10 \log_{10} \frac{\frac{\not{P}}{\not{4\pi}r_1^2}}{\frac{\not{P}}{\not{4\pi}r_2^2}} = 10 \log_{10} \left(\frac{r_2}{r_1}\right)^2. \tag{5.11}$$

El exponente dentro del logaritmo los sacamos de él multiplicado y nos queda la expresión

$$\beta_1 - \beta_2 = 20 \log_{10} \frac{r_2}{r_1}, \tag{5.12}$$

que nos permite relacionar el nivel de intensidad, β_1, a una distancia r_1 del foco con el nivel de intensidad, β_2, a una distancia del foco igual a r_2. En este problema tendríamos: $\beta_2 = 0$ dB, $r_2 = 250$ m y $r_1 = 45$ m, siendo β_1 el nivel de intensidad a 45 m, que es lo que nos piden.

$$\beta_1 = \beta_2 + 20 \log_{10} \frac{r_2}{r_1} = 0 + 20 \log_{10} \frac{250}{45} \Rightarrow \boxed{\beta_1 = 14{,}9 \text{ dB.}} \quad (5.13)$$

Problema 5.5

¿Qué número mínimo de focos sonoros idénticos, que nos producen por separado una sensación sonora de 60 dB, es necesario para que nos produzca una sensación sonora de 80 dB?

Solución:

Podríamos resolver este problema calculando la intensidad de un foco de 60 dB, I_1, y la intensidad necesaria para producir una sensación de 80 dB, I_T, ambas por medio de la expresión (5.7), y a continuación ver el mínimo entero por el que tenemos que multiplicar I_1 para obtener una intensidad igual o mayor a I_T. Vamos a proceder de otra forma para obtener una fórmula que nos puede servir en otras ocasiones. Si un foco de intensidad I_1 produce un nivel de intensidad β_1

$$\beta_1 = 10 \log_{10} \frac{I_1}{I_{\text{ref}}}, \quad (5.14)$$

el sonido de n sonidos que lleguen a nuestro oído con la misma intensidad producirán una sensación sonora

$$\beta_n = 10 \log_{10} \frac{nI_1}{I_{\text{ref}}} = 10 \log_{10} n + 10 \log_{10} \frac{I_1}{I_{\text{ref}}} \Rightarrow \beta_n = 10 \log_{10} n + \beta_1. \quad (5.15)$$

Esto es, solo tenemos que sumar al nivel de intensidad de un sonido el término $10 \log_{10} n$, para saber el nivel de intensidad de n sonidos simultáneos con la misma sensación sonora.

En este problema lo que nos piden es calcular n, por lo que tenemos que despejar de (5.15),

$$n = 10^{\frac{\beta_n - \beta_1}{10}}. \quad (5.16)$$

Dados los valores numéricos del enunciado:

$$n = 10^{\frac{80-60}{10}} \Rightarrow \boxed{n = 100 \text{ focos.}} \quad (5.17)$$

Si el resultado no fuera un número entero tendríamos que redondear hacia arriba.

Problema 5.6

Un buzo está a la deriva en un río cuya corriente discurre a 60 km/h. Río arriba respecto del buzo hay sumergido un foco que emite un sonido de 4,5 kHz. ¿Qué frecuencia percibirá el buzo?

Solución:

En este problema el emisor (el foco sonoro), aunque esté en reposo respecto del lecho del río, está en movimiento respecto del medio de propagación del sonido, en este caso el agua. El buzo, en cambio, al moverse con el agua está en reposo respecto de esta. En el efecto Doppler tenemos que usar las velocidades del emisor y receptor siempre respecto del medio de propagación de la onda. La relación entre la frecuencia percibida, f', y la emitida, f, viene dada por

$$f' = f\frac{v_s + v_r}{v_s - v_e}, \tag{5.18}$$

siendo v_s la velocidad del sonido, v_r la velocidad del receptor y v_e la del emisor, siempre medida respecto del medio de propagación. Estas velocidades son positivas o negativas según que el emisor o receptor vayan hacia donde se encuentra el otro o en sentido contrario, respectivamente.

En nuestro caso, el buzo, que se mueve con el medio de propagación, está en reposo, $v_r = -0$, mientras que el foco, al considerar su estado de movimiento respecto del agua, se está moviendo hacia donde se encuentra el buzo con una velocidad positiva igual a v_e =60 km/h=16,67 m/s. Sustituyendo estos en (5.18) y tomando como velocidad de propagación de sonido en el agua dulce 1510 m/s. En agua salada es ligeramente superior y, en ambos casos, depende de la temperatura.

$$f' = 4,5 \cdot 10^3 \frac{1510 + 0}{1510 - 16,67} \quad \Rightarrow \quad \boxed{f' = 4{,}45 \text{ kHz.}} \tag{5.19}$$

Problema 5.7

Una ambulancia, que se mueve a velocidad constante, viene hacia nosotros y percibimos un incremento en la frecuencia de la sirena de un 10 %. ¿Cuánto tiempo transcurrirá desde que pasa a nuestro lado hasta que dejemos de percibir el sonido de la sirena si, a 5 m de nosotros, la sensación sonora que produce es de 40 dB?

Solución:

Con los datos del enunciado vamos a calcular, en primer lugar, la distancia a la que dejamos de percibirla. Para ello, vamos a asumir que dejamos de percibirla cuando el nivel de intensidad es cero, como explicamos en el problema 5.4. Para ello empleamos la expresión (5.12), que dedujimos en el problema 5.4. Donde ahora tenemos que calcular r_2 a partir de saber que a esa distancia el nivel de intensidad es $\beta_2 = 0$ y cuando $r_1 = 5$ m la sensación sonora vale $\beta_1 = 40$ dB.

$$\beta_1 - \beta_2 = 20 \log_{10} \frac{r_2}{r_1} \quad \Rightarrow \quad r_2 = r_1 \cdot 10^{\frac{\beta_1 - \beta_2}{20}} = 5 \cdot 10^{\frac{40}{20}} \quad \Rightarrow \quad r_2 = 500 \text{ m.} \quad (5.20)$$

Ahora tenemos que calcular la velocidad para saber el tiempo necesario para recorrer esa distancia, que es lo que nos pide el enunciado. Como dato tenemos que $f' = f + 10/100 f = 1,1 f$, luego

$$f' = f \frac{v_s}{v_s - v_e} \quad \Rightarrow \quad 1,1 \not{f} = \not{f} \frac{v_s}{v_s - v_e} \quad \Rightarrow \quad 1,1 = \frac{v_s}{v_s - v_e}. \quad (5.21)$$

Despejamos v_e y sustituimos numéricamente, asumiendo una velocidad del sonido $v_s = 340$ m/s.

$$v_e = \frac{0,1}{1,1} v_s = \frac{0,1}{1,1} 340 \quad \Rightarrow \quad v_e = 30,9 \text{ m/s.} \quad (5.22)$$

El tiempo necesario transcurrido, t, desde que pasa a nuestro lado es, por tanto,

$$t = \frac{r_2}{v_e} = \frac{500}{30,9} \quad \Rightarrow \quad \boxed{t = 16,2 \text{ s.}} \quad (5.23)$$

Problema 5.8

Un observador, mientras se mueve, va emitiendo pulsos sonoros de una frecuencia de 8 kHz que rebotan en objetos en reposo y le llegan con una frecuencia de 9 kHz. ¿A qué velocidad se mueve?

Solución:

En este problema el observador es también el emisor. Hagámoslo en dos pasos. Primero vamos a calcular la frecuencia, f', de los pulsos al rebotar en esos objetos en reposo

$$f' = f \frac{v_s + v_r}{v_s - v_e} = f \frac{v_s}{v_s - v_o}, \quad (5.24)$$

donde la velocidad del emisor es la velocidad del observador, v_o, y la velocidad del receptor es cero. En un segundo paso, calculamos la frecuencia, f'', que tienen los sonidos al llegar rebotados al observador, donde ahora los objetos en reposo actúan de emisor de sonidos de frecuencia f'.

$$f'' = f' \frac{v_s + v_r}{v_s - v_e} = \frac{v_s + v_o}{v_s}. \tag{5.25}$$

Sustituyendo (5.24) en (5.25) obtenemos

$$f'' = f \underbrace{\frac{\cancel{v_s}}{v_s - v_o}}_{f'} \cdot \frac{v_s + v_o}{\cancel{v_s}} \quad \Rightarrow \quad f'' = \frac{v_s + v_o}{v_s - v_o}, \tag{5.26}$$

expresión que podemos usar para despejar la velocidad del observador:

$$v_o = v_s \frac{f'' - f}{f'' + f} = 340 \frac{9 - 8}{9 + 8} \quad \Rightarrow \quad \boxed{v_o = 7{,}2 \text{ m/s} = 26 \text{ km/h.}} \tag{5.27}$$

Donde hemos tomado como velocidad del sonido 340 m/s. Al salir positiva implica que esos objetos se encuentran, según el sentido de movimiento del observador, delante de este. Si f'' fuera menor que f, entonces tendríamos una velocidad v_o negativa, implicando que los objetos en los que rebotan los sonidos están detrás del observador.

Problema 5.9

¿A qué velocidad circula una ambulancia si la frecuencia del sonido de su sirena disminuye un 12 % al pasar de un lado al otro de un observador situado al borde de la calzada? Si cuando esa ambulancia está a 3,4 metros del observador este percibe su sonido con un nivel de intensidad de 45 dB, ¿a qué distancia dejará de percibirlo? Suponemos una velocidad del sonido de 340 m/s. ¿En qué factor tendría que aumentar la intensidad del sonido de la sirena para que, en lugar de 45 dB, percibiéramos un nivel de intensidad de 55 dB?

Solución:

El efecto Doppler hace que percibamos una frecuencia f' distinta de la emitida f según la fórmula

$$f' = f \frac{v_s}{v_s - v_e}, \tag{5.28}$$

donde v_s es la velocidad del sonido y v_e la velocidad de acercamiento del emisor al receptor. Entre la frecuencia inicial medida f'_1 y la final f'_2 existe la relación

$$f'_2 = f'_1 - \frac{12}{100} f'_1 = 0{,}88 f'_1 \tag{5.29}$$

mientras que el signo del denominador de la fórmula varía entre el primer y segundo caso

$$f\frac{v_s}{v_s+v_e} = 0{,}88 f \frac{v_s}{v_s-v_e}. \tag{5.30}$$

Operando obtenemos

$$v_s - v_e = 0{,}88\,(v_s + v_e) \tag{5.31}$$

$$1{,}88 v_e = 120{,}0 \cdot 10^{-3} v_s \tag{5.32}$$

$$v_e = \frac{120{,}0 \cdot 10^{-3}}{1{,}88} v_s \quad \Rightarrow \quad \boxed{v_e = 21{,}7 \,\frac{\text{m}}{\text{s}} = 78{,}12 \,\frac{\text{km}}{\text{h}}.} \tag{5.33}$$

Para calcular la distancia a la que dejamos de percibirlo usamos la fórmula:

$$\beta_1 - \beta_2 = 20 \log_{10} \frac{r_2}{r_1}, \tag{5.34}$$

donde $\beta_2 = 0$ y queremos calcular r_2. Despejamos:

$$r_2 = r_1 \cdot 10^{\frac{\beta_1-\beta_2}{20}} = 3{,}4 \cdot 10^{45/20} \quad \Rightarrow \quad \boxed{r_2 = 604{,}6 \text{ m}.} \tag{5.35}$$

Para calcular el factor que tiene que aumentar la intensidad, o de forma equivalente, el número de focos iguales necesarios para aumentar el nivel de intensidad, vamos a usar la expresión:

$$\beta_N = 10 \log_{10} N + \beta_1, \tag{5.36}$$

donde β_1 es el nivel de intensidad de un foco y β_N es el nivel de intensidad de N focos iguales (la intensidad total percibida es N veces la de un foco). Como $\beta_N - \beta_1 = 10$ tenemos que

$$10 = 10 \log_{10} N \quad \Rightarrow \quad \boxed{N = 10.} \tag{5.37}$$

Otra forma sería calcular las intensidades de los sonidos de ambos niveles de intensidad y calcular el cociente entre ellos para sacar el factor de aumento.

Problema 5.10

La posición de un foco sonoro de potencia $P = 126$ mW, que emite un sonido de 1.193 Hz de frecuencia, está oscilando en el eje x de manera que su coordenada viene dada por $x = A \cos(12t)$. Si la diferencia en la sonoridad máxima percibida por un observador situado en $x = 3{,}6$ m vale 9,5 dB, ¿cuál es el valor de la amplitud A de movimiento?

Solución:

Tenemos la relación (5.12) entre niveles de intensidad, β_1 y β_2, a diferentes distancias, r_1 y r_2, del foco emisor:

$$\beta_1 - \beta_2 = 20 \log_{10} \frac{r_2}{r_1}. \tag{5.38}$$

En nuestro caso $\beta_1 - \beta_2 = 9{,}5$ dB, $r_1 = x - A$ y $r_2 = x + A$:

$$9{,}5 = 20 \log_{10} \frac{x+A}{x-A} \quad \Rightarrow \quad \frac{x+A}{x-A} = 10^{\frac{9{,}5}{20}} = 2{,}99 \quad \Rightarrow \quad A = \frac{(2{,}99-1)x}{1+2{,}99}. \tag{5.39}$$

Sustituyendo $x = 3{,}6$ m en lo anterior obtenemos:

$$\boxed{A = 1{,}8 \text{ m.}} \tag{5.40}$$

Tema 6

Campo electrostático

Problema 6.1

En los vértices de un cuadrado de 5 cm de radio colocamos 4 cargas iguales $q = 10\ \mu C$. Calcule el valor de la fuerza que sufre cualquiera de esas cargas y cuál es el valor del campo eléctrico en la posición de esa carga.

Solución:

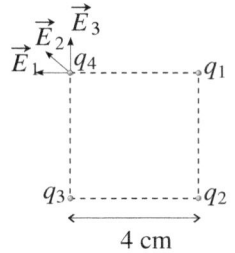

Vamos, en primer lugar, a contestar a lo último, esto es, calculamos el campo eléctrico, $\vec{E}$, en uno de los vértices. La fuerza que sufrirá la carga situada en ese vértice será $\vec{F} = q\vec{E}$. Vamos a hacer el cálculo para la carga q_4 de la figura. Llamamos $\vec{E}_i$ al campo eléctrico que la carga q_i crea en la posición en la que se encuentra q_4. El campo total, $\vec{E}$, será la suma de los tres campos,

$$\vec{E} = \sum_{i=1}^{3} \vec{E}_i. \qquad (6.1)$$

Vamos a obtener por separado las componentes vertical y horizontal del campo total. Para ello, colocaremos un sistema de referencia con origen en la posición de la carga q_4, de tal manera que el eje x sea horizontal y con sentido positivo hacia la derecha y el eje y sea vertical y con sentido positivo hacia arriba. Con

esto podemos escribir
$$E_{1x} = -k\frac{q_1}{a^2} \quad \text{y} \quad E_{1y} = 0, \tag{6.2}$$
donde a es el lado del cuadrado,
$$E_{2x} = -k\frac{q_2}{2a^2}\cos 45° \quad \text{y} \quad E_{2y} = k\frac{q_2}{2a^2}\sen 45°, \tag{6.3}$$
usando que la diagonal del cuadrado es igual $d = \sqrt{2}a$,
$$E_{3x} = 0 \quad \text{y} \quad E_{3y} = k\frac{q_2}{a^2}. \tag{6.4}$$
La componente x del campo eléctrico total es
$$E_x = E_{1x} + E_{2x} + E_{3x} = -k\frac{q_1}{a^2} - k\frac{q_2}{2a^2}\cos 45° \Rightarrow E_x = -\frac{kq}{a^2}\left(1 + \frac{\cos 45°}{2}\right). \tag{6.5}$$
Hemos hecho uso de que $q_1 = q_2 = q$. Para la componente y tenemos
$$E_y = E_{1y} + E_{2y} + E_{3y} = k\frac{q_2}{2a^2}\sen 45° + k\frac{q_2}{a^2} \Rightarrow E_y = \frac{kq}{a^2}\left(\frac{\sen 45°}{2} + 1\right). \tag{6.6}$$

Sustituyendo valores numéricos en (6.5) y (6.6)
$$E_x = -\frac{9 \cdot 10^9 \cdot 10 \cdot 10^{-6}}{0{,}04^2}\left(1 + \frac{\sqrt{2}/2}{2}\right) \Rightarrow E_x = -76{,}1 \text{ MV/m}, \tag{6.7}$$
y
$$E_y = \frac{9 \cdot 10^9 \cdot 10 \cdot 10^{-6}}{0{,}04^2}\left(\frac{\sqrt{2}/2}{2} + 1\right) \Rightarrow E_y = 76{,}1 \text{ MV/m}. \tag{6.8}$$
El campo eléctrico total, E, lo calculamos con el teorema de Pitágoras:
$$E = \sqrt{E_x^2 + E_y^2} \Rightarrow \boxed{E = 107{,}67 \text{ MV/m.}} \tag{6.9}$$
Para calcular la fuerza que sufre la carga q_4 solo tenemos que multiplicar el campo por el valor de la carga,
$$F = q_4 E = 10 \cdot 10^{-6} \cdot 107{,}67 \cdot 10^6 \Rightarrow \boxed{F = 1076{,}7 \text{ N.}} \tag{6.10}$$

Problema 6.2

En una región hay un campo eléctrico dado por la expresión $\vec{E} = -9{,}5y\vec{j}$, que nos mide el campo en N/C si y está en metros. A una partícula de masa $m = 35{,}3$ g y carga $q = 5{,}5$ C, que se encuentra en el origen del sistema de referencia, le damos un impulso y sale despedida con una velocidad inicial $\vec{v} = 22{,}1\vec{j}$ m/s. En esa región existe una fuerza de fricción constante $F_r = 33{,}6$ N que se opone al movimiento de la carga. Calcule la distancia máxima al origen a la que podrá llegar la carga.

Solución:

Este es un problema de balance de energías. Para saber la energía potencial de la carga en cada punto debemos calcular el potencial. Esto lo podemos hacer a partir de la relación:

$$\vec{E} = -\vec{\nabla} V = -\left(\frac{\partial V}{\partial x}\vec{i} + \frac{\partial V}{\partial y}\vec{j} + \frac{\partial V}{\partial z}\vec{k}\right). \tag{6.11}$$

Como el campo eléctrico solo tiene componente y tenemos que:

$$-9{,}5y = \frac{\partial V}{\partial y} \Rightarrow V = \frac{1}{2}9{,}5y^2 + C = 4{,}75y^2 + C, \tag{6.12}$$

donde C es la constante de integración, que podemos hacer igual a cero: $V = 4{,}75y^2$ V. La partícula tiene una velocidad inicial sobre el eje y y las fuerzas que actúan sobre la partícula también son sobre ese eje. Por lo tanto, la velocidad de la partícula siempre tendrá como dirección el eje y, aunque su módulo irá cambiando. La distancia máxima al origen se obtiene como aquella distancia a la cual la energía cinética se transforma en energía potencial eléctrica y en calor por medio de la fuerza de fricción. Usamos el hecho de que el trabajo hecho por las fuerzas no conservativas es igual a la variación de la energía mecánica:

$$W_{nc} = \Delta U_m = \left(E_{cf} + qV_f\right) - (E_{c0} + qV_0). \tag{6.13}$$

En nuestro caso tenemos que $W_{nc} = -F_r D$, donde D es la distancia, que es sobre el eje y, y es negativo porque la fuerza se opone al movimiento. El potencial en el origen es cero y la velocidad a la distancia máxima es cero, ya que es donde la partícula se detiene y comienza a retroceder. El potencial en el punto final es $V_f = 4{,}75D^2$. Introduciendo esto en la ecuación (6.13) llegamos a:

$$\frac{1}{2}mv^2 = qV_f + F_r D \Rightarrow 26{,}12D^2 + 33{,}6D - 8{,}62 = 0. \tag{6.14}$$

Resolviendo la ecuación de segundo grado en (6.14) obtenemos dos soluciones para D, una negativa $D = -1027{,}2$ m, y otra positiva $D = 149{,}5$ m. La solución positiva es la que tiene sentido físico para este problema y por lo tanto la distancia máxima que nos piden.

$$\boxed{D = 149{,}5 \text{ m.}} \qquad (6.15)$$

Problema 6.3

Cuando tenemos un hilo dispuesto en forma circular sobre un plano horizontal, cargado con una densidad de carga unidimensional homogénea, λ, el módulo del campo eléctrico en puntos situados a una altura h en la recta vertical que pasa por el centro del círculo es

$$E = \frac{\lambda R h}{2\epsilon_0 \left(R^2 + h^2\right)^{\frac{3}{2}}}, \qquad (6.16)$$

siendo R el radio del círculo. La dirección de este campo eléctrico coincide con la recta vertical. Obtenga, a partir de (6.16), el campo eléctrico creado por un disco circular cargado homogéneamente, σ constante, también en puntos de la recta vertical que pasa por el centro del disco.

Solución:

La expresión (6.16) la podemos transformar usando el valor de la carga total distribuida sobre todo el hilo, $q = 2\pi R \lambda$,

$$E = \frac{qh}{4\pi\epsilon_0 \left(R^2 + h^2\right)^{\frac{3}{2}}}. \qquad (6.17)$$

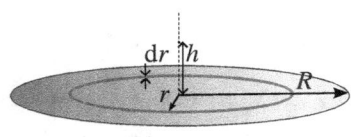

El disco lo podemos descomponer en anillos de ancho infinitesimal, dr, y de radio r, como se puede ver en la figura. Cada uno de estos anillos crea un campo que podemos obtener por medio de la expresión (6.17), donde ahora la carga total en el anillo viene dada por:

$$dq = 2\pi r dr \sigma. \qquad (6.18)$$

El campo eléctrico dE, creado por el anillo de radio r en puntos situados a una altura h, quedaría como

$$dE = \frac{\cancel{2\pi} r \, dr \sigma h}{\cancel{4\pi}^2 \epsilon_0 \, (r^2 + h^2)^{\frac{3}{2}}} = \frac{r \sigma h}{2\epsilon_0 \, (r^2 + h^2)^{\frac{3}{2}}} dr. \qquad (6.19)$$

La dirección de los campos creados por cada uno de los anillos es la misma, la vertical. Por esto, podemos calcular el campo total sumando, esto es integrando, los campos creados por cada anillo desde un radio $r = 0$ hasta $r = R$.

$$E = \frac{\sigma h}{2\epsilon_0} \int_0^R \frac{r}{(r^2 + h^2)^{\frac{3}{2}}} dr. \qquad (6.20)$$

Haciendo la derivada

$$\frac{d}{dr}\left(\frac{1}{\sqrt{r^2 + h^2}}\right) = \frac{d\left(r^2 + h^2\right)^{-1/2}}{dr} = -\frac{\cancel{2}r}{\cancel{2}}\left(r^2 + h^2\right)^{-1/2-1} = \frac{-r}{(r^2 + h^2)^{\frac{3}{2}}}. \qquad (6.21)$$

Y comprobamos que (6.20) es, a falta del signo, una integral directa:

$$\begin{aligned} E &= -\frac{\sigma h}{2\epsilon_0} \left.\frac{1}{\sqrt{r^2 + h^2}}\right|_0^R = -\frac{\sigma h}{2\epsilon_0}\left(\frac{1}{\sqrt{R^2 + h^2}} - \frac{1}{\sqrt{0 + h^2}}\right) \\ &= \frac{\sigma}{2\epsilon_0}\left(\frac{h}{|h|} - \frac{h}{\sqrt{R^2 + h^2}}\right). \end{aligned} \qquad (6.22)$$

Donde hemos usado $\sqrt{h^2} = |h|$. La carga total del disco es $Q = \pi R^2 \sigma$, luego

$$\boxed{E = \frac{Q}{2\pi\epsilon_0 R^2}\left(\frac{h}{|h|} - \frac{h}{\sqrt{R^2 + h^2}}\right).} \qquad (6.23)$$

Problema 6.4

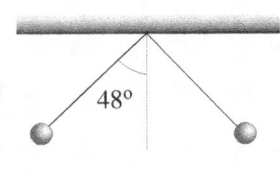

Cargamos dos bolas con una carga eléctrica q ila primera y la otra con carga $2q$. Ambas bolas tienen una masa de 7,7 kg y se suspenden de un punto común por dos hilos de 0,91 m de longitud. Se observa que, al alcanzar el equilibrio, forman un ángulo de 48° con la vertical ¿Qué valor tiene la carga q?

Solución:

Para que estén en equilibrio, todas las fuerzas que actúan, ver figura, tienen que anularse mutuamente y que la fuerza neta sobre cada esfera sea cero:

$$\vec{F}_e + \vec{P} + \vec{T} = 0. \qquad (6.24)$$

En otras palabras, la componente vertical de $\vec{T}$ tiene que ser igual en módulo al peso y la horizontal, igual en módulo a la fuerza de repulsión eléctrica:

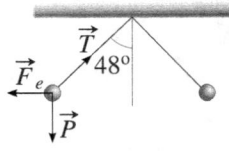

$$T \sin 48° = F_e, \qquad (6.25)$$

$$T \cos 48° = mg. \qquad (6.26)$$

Dividiendo la primera ecuación por la segunda:

$$\frac{\cancel{T} \sin 48°}{\cancel{T} \cos 48°} = \frac{F_e}{mg} \Rightarrow F_e = mg \tan 48°. \qquad (6.27)$$

La fuerza eléctrica es:

$$F_e = k \frac{2q^2}{r^2}, \qquad (6.28)$$

donde r está relacionado con la longitud del hilo l por $r = 2l \sin \theta$ luego $r = 2 \cdot 0{,}91 \cdot \sin 48° = 1{,}35$ m. Sustituyendo:

$$k \frac{2q^2}{r^2} = mg \tan 48° \Rightarrow q = r \sqrt{\frac{mg \tan 48°}{2K}} = 1{,}35 \sqrt{\frac{7{,}7 \cdot 9{,}8 \cdot \tan 48°}{18 \cdot 10^9}} \Rightarrow$$

$$\Rightarrow \boxed{q = 92{,}12 \cdot 10^{-6} \, \text{C} = 92{,}1 \, \mu\text{C}.}$$

$$(6.29)$$

Problema 6.5

Diga si es posible la existencia de un campo electrostático de la forma

$$\vec{E} = 5x^2 \vec{i} + (x+6) \vec{j} + 4z \vec{k}. \qquad (6.30)$$

Solución:

Sabemos que las fuerzas electrostáticas son fuerzas conservativas, por lo que su rotacional es cero. Esto implica que el rotacional del campo eléctrico también tiene que ser cero. Vemos al hacer el cálculo del rotacional de $\vec{E}$ que no es idénticamente nulo, por lo que no es posible la existencia de un campo dado por (6.30),

$$\vec{\nabla} \times \vec{E} = \begin{vmatrix} \vec{i} & \vec{j} & \vec{k} \\ \frac{\partial}{\partial x} & \frac{\partial}{\partial y} & \frac{\partial}{\partial z} \\ 5x^2 & x+6 & 4z \end{vmatrix}$$

$$= \left(\frac{\partial}{\partial y}(4z) - \frac{\partial}{\partial z}(x+6) \right) \vec{i} + \left(\frac{\partial}{\partial z}(5x^2) - \frac{\partial}{\partial x}(4z) \right) \vec{j} \quad (6.31)$$

$$+ \left(\frac{\partial}{\partial x}(x+6) - \frac{\partial}{\partial y}(5x^2) \right) \vec{k}$$

$$= \vec{k} \neq \vec{0}.$$

Problema 6.6

En una región del espacio tenemos una densidad constante de carga eléctrica $\rho = 27{,}8$ nC/m^3. Calcule el flujo del campo eléctrico que atravesará cualquier superficie cúbica contenida en esa región en función de su arista a.

Solución:

Por la ley de Gauss sabemos que el flujo Φ sobre una superficie cerrada es:

$$\Phi = \frac{q_{\text{neta}}}{\epsilon_0}. \quad (6.32)$$

Para calcular el flujo sobre cualquier superficie cúbica contenida en esa región tenemos que saber la carga encerrada, en este caso:

$$q_{\text{neta}} = \rho \cdot a^3. \quad (6.33)$$

El flujo lo sacamos entonces como:

$$\Phi = \frac{\rho \cdot a^3}{\epsilon_0} = 27{,}8 \cdot a^3 \cdot 4\pi \cdot 9 \cdot 10^9 = 3144{,}11 \cdot a^3. \quad (6.34)$$

Si la arista, a, la expresamos en metros, el resultado vendría dado en Vm o, también, en Nm^2/C.

Problema 6.7

En una región del espacio tenemos un campo eléctrico dado por $\vec{E} = 14\vec{j}$ N/C. Calcule la carga neta encerrada en un cubo de 4 cm de arista si este cubo tiene un vértice en el origen de un sistema de referencia y tres de sus aristas coinciden con los ejes de ese sistema de referencia.

Solución:

Para el cálculo de la carga neta podemos proceder de dos formas: calculando el flujo que atraviesa la superficie cúbica y usando la ley de Gauss en forma integral o calculando la densidad de carga en esa región por medio de la ley de Gauss en forma diferencial.

Si calculamos el flujo que atraviesa esa superficie cúbica nos encontramos que es cero y como la ley de Gauss nos dice que la carga neta encerrada es igual al flujo que atraviesa la superficie dividido por la permitividad eléctrica del vacío, tenemos que la carga neta es cero. Para comprobar que, efectivamente, el flujo es cero hacemos uso del hecho de que podemos escribir

$$\Phi = \oint \vec{E} \cdot d\vec{S} = \sum_{i=1}^{6} \int_i \vec{E} \cdot d\vec{S}, \qquad (6.35)$$

esto es, escribimos el flujo sobre toda la superficie como la suma de los flujos sobre las seis caras del cubo. El campo eléctrico tiene la misma dirección que el eje y, por lo que será perpendicular a los vectores $d\vec{S}$ de las caras perpendiculares a este eje.

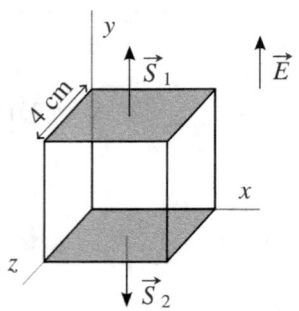

El flujo total es simplemente el flujo sobre las dos caras del cubo paralelas al plano xz del sistema de referencia (perpendiculares al eje y), sombreadas en la figura. Al ser constante el campo eléctrico podemos calcular el flujo como:

$$\Phi = \vec{E} \cdot \vec{S}_1 + \vec{E} \cdot \vec{S}_2. \qquad (6.36)$$

En la figura vemos que $\vec{S}_1 = -\vec{S}_2$, por lo que, como $\vec{E}$ es el mismo en ambas caras, el flujo total es cero, como habíamos dicho. Usando el la ley de Gauss integral:

$$\Phi = \frac{q_{\text{neta}}}{\epsilon_0} = 0 \quad \Rightarrow \quad \boxed{q_{\text{neta}} = 0.} \qquad (6.37)$$

La otra forma es usando la ley de Gauss, pero en forma diferencial,

$$\vec{\nabla} \cdot \vec{E} = \frac{\rho}{\epsilon_0} \quad \Rightarrow \quad \rho = \epsilon_0 \left(\frac{\partial E_x}{\partial x} + \frac{\partial E_y}{\partial y} + \frac{\partial E_z}{\partial z} \right), \qquad (6.38)$$

que, por ser $\vec{E}$ un campo uniforme espacialmente, tiene todas sus derivadas iguales a cero. Luego $\rho = 0$ y la carga en toda esa región es cero.

Problema 6.8

Vuelva a realizar el problema 6.7, pero para un campo eléctrico que varía con la coordenada y: $\vec{E} = 5y\,\vec{j}$ N/C.

Solución:

Aquí podemos proceder como en el problema 6.7 ya que todo es parecido, a excepción de que el campo depende de la coordenada y. Al calcular el flujo sobre toda la superficie tenemos que es cero sobre cuatro de las caras y solo es diferente sobre las caras sombreadas de la figura del problema 6.7. Aunque el campo ahora no es constante, sí que lo es en cada una de las caras y podemos escribir el flujo como

$$\Phi = \vec{E}_1 \cdot \vec{S}_1 + \vec{E}_2 \cdot \vec{S}_2. \qquad (6.39)$$

El campo en la cara 1 es $\vec{E}_1 = 5 \cdot 0{,}04\,\vec{j} = 0{,}2\,\vec{j}$ N/C. Como la coordenada y de los puntos de la cara 2 es cero, el campo en esa cara es cero, $\vec{E}_2 = 0$. El flujo queda ahora como

$$\Phi = 0{,}2\,\vec{j} \cdot (0{,}04)^2\,\vec{j} = 320 \cdot 10^{-6} \text{ Nm/C}. \qquad (6.40)$$

La carga neta es, por tanto, igual a

$$q_{\text{neta}} = 320\epsilon_0 \ \mu\text{C}. \qquad (6.41)$$

También podemos resolverlo calculando la densidad de carga usando la ley de Gauss en forma diferencial

$$\vec{\nabla} \cdot \vec{E} = \frac{\rho}{\epsilon_0} \ \Rightarrow \ \rho = \epsilon_0\left(\frac{\partial E_x}{\partial x} + \frac{\partial E_y}{\partial y} + \frac{\partial E_z}{\partial z}\right) \ \Rightarrow \ \rho = \epsilon_0 \frac{\partial 5y}{\partial y} = 5\epsilon_0. \qquad (6.42)$$

Al ser una densidad constante, la carga neta total en la región cúbica la calculamos multiplicando el volumen de la región por ρ.

$$q_{\text{neta}} = \rho \cdot \text{Vol} = 5\epsilon_0 \cdot (0{,}04)^3 \ \Rightarrow \ \boxed{q_{\text{neta}} = 320\epsilon_0 \ \mu\text{C}.} \qquad (6.43)$$

Problema 6.9

En los vértices de un cuadrado de 6 cm de lado tenemos 4 cargas iguales, $q = -4\mu C$, y las movemos para situarlas en los vértices de un rectángulo de lados 3 y 7 cm. Obtenga el valor del trabajo efectuado por el campo eléctrico.

Solución:

Por ser el campo electrostático un campo conservativo, no importa cómo se haga el paso entre las dos distribuciones de las cargas a la hora de calcular el trabajo. Solo necesitamos saber la energía potencial inicial, U_i, y la energía potencial final, U_f. El trabajo, W, que hace el campo es

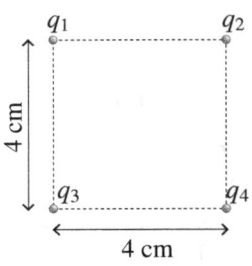

$$W = -\Delta U = -\left(U_f - U_i\right) = U_i - U_f. \tag{6.44}$$

La energía potencial inicial del sistema de las cuatro cargas cuando están en los vértices de un cuadrado de lado l, que en este caso son 4 cm, es la suma de la energía potencial de cada par de cargas. A pesar de que las cuatro cargas son iguales les ponemos un subíndice para identificar cada par en la figura.

$$U_i = k\left(\frac{q_1 q_2}{l} + \frac{q_1 q_3}{l} + \frac{q_1 q_4}{\sqrt{2}l} + \frac{q_2 q_3}{\sqrt{2}l} + \frac{q_2 q_4}{l} + \frac{q_3 q_4}{l}\right), \tag{6.45}$$

que podemos simplificar y dejar como

$$U_i = k\frac{q^2}{l}\left(4 + \frac{2}{\sqrt{2}}\right) = k\frac{q^2}{l}\left(4 + \sqrt{2}\right). \tag{6.46}$$

Sustituyendo los valores numéricos,

$$U_i = 9 \cdot 10^9 \frac{\left(-4 \cdot 10^{-6}\right)^2}{0{,}04}\left(4 + \frac{2}{\sqrt{2}}\right) \quad \Rightarrow \quad U_i = 19{,}5 \text{ J}. \tag{6.47}$$

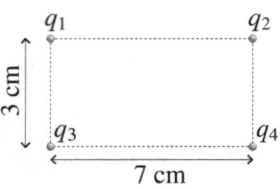

En la configuración final, las cuatro cargas están en los vértices de un rectángulo de lados $l_1 = 3$ cm y $l_2 = 7$ cm. Calculamos, igual que antes, la energía potencial del sistema sumando la energía potencial de todos los pares de carga,

$$U_f = k\left(\frac{q_1 q_2}{l_2} + \frac{q_1 q_3}{l_1} + \frac{q_1 q_4}{\sqrt{l_1^2 + l_2^2}} + \frac{q_2 q_3}{\sqrt{l_1^2 + l_2^2}} + \frac{q_2 q_4}{l_1} + \frac{q_3 q_4}{l_2}\right), \tag{6.48}$$

que podemos reescribir como

$$U_f = 2kq^2 \left(\frac{1}{l_1} + \frac{1}{l_2} + \frac{1}{\sqrt{l_1^2 + l_2^2}} \right). \tag{6.49}$$

Sustituimos los valores numéricos

$$U_f = 2 \cdot 9 \cdot 10^9 \left(-4 \cdot 10^{-6}\right)^2 \left(\frac{1}{0,03} + \frac{1}{0,07} + \frac{1}{\sqrt{0,03^2 + 0,07^2}} \right) \tag{6.50}$$
$$= 17,5 \text{ J}.$$

El trabajo necesario es, por tanto,

$$W = U_i - U_f = 19,5 - 17,5 \quad \Rightarrow \quad \boxed{U = 2 \text{ J}.} \tag{6.51}$$

Trabajo que, al ser positivo, es realizado por el campo eléctrico.

Problema 6.10

Fijamos dos cargas iguales, $q = 15\ \mu$C, a una distancia $l=20$ cm una de la otra. ¿Qué trabajo hace el campo cuando colocamos una tercera carga $q' = -4\ \mu$C en el punto medio de las dos?

Solución:

Para resolver este problema podríamos calcular la energía potencial de las tres cargas inicial y final, ya que inicialmente suponemos que la tercera carga se encuentra en el infinito. Pero es más directo hacer el cálculo con la expresión

$$W = -q\Delta V = -q\left(V_f - V_i\right) = q\left(V_i - V_f\right), \tag{6.52}$$

ya que es una única carga la que se mueve. ΔV es la variación de potencial entre los puntos inicial y final, potencial creado por las cargas que no se desplazan, y q es la carga que se desplaza. En este problema $V_i = 0$, ya que la carga se encuentra en el infinito y allí el potencial de las dos cargas del 15 μC es cero. V_f es el potencial de las dos cargas en el punto medio, luego:

$$V_f = k\frac{q}{l/2} + k\frac{q}{l/2} = 4k\frac{q}{l} = 4 \cdot 9 \cdot 10^9 \frac{15 \cdot 10^{-6}}{0,2} = 2,7 \cdot 10^6 = 2,7 \text{ MV}. \tag{6.53}$$

El trabajo lo calculamos usando (6.52),

$$W = q\left(V_i - V_f\right) = -4 \cdot 10^{-6}\left(0 - 2,7 \cdot 10^6\right) \quad \Rightarrow \quad \boxed{W = 10,8 \text{ J}.} \tag{6.54}$$

Que, al ser positivo, es realizado por el campo eléctrico.

Problema 6.11

En los vértices de un cuadrado de lado $l = 5$ cm colocamos cuatro cargas de -5 μC, 2 μC, 10 μC y -3 μC. Calcule el potencial eléctrico en el centro del cuadrado y el trabajo que haría el campo al colocar en ese punto una carga de 7 μC. ¿Quién hace el trabajo?

Solución:

La distancia, d, de las cuatro cargas al centro del cuadrado es la misma, $d = \sqrt{2}l/2$, y podemos escribir el potencial eléctrico, V, que crean en el centro como

$$V = \frac{2k}{\sqrt{2}l}(q_1 + q_2 + q_3 + q_4) = \frac{9 \cdot 10^9}{\sqrt{2} \cdot 0{,}05}(-5 + 2 + 10 - 3) \cdot 10^{-6} \Rightarrow$$

$$\Rightarrow \boxed{V = 1{,}02 \cdot 10^6 \text{ V} = 1{,}02 \text{ MV.}} \quad (6.55)$$

Para el cálculo del trabajo para traer una carga de 7 muC al centro usamos

$$W = -q\Delta V = -q(V_f - V_i) = q(V_i - V_f) = 7 \cdot 10^{-6}(0 - 1{,}02 \cdot 10^6), \quad (6.56)$$

donde hemos usado $V_i = 0$, ya que la carga la traemos del infinito. Haciendo el cálculo obtenemos

$$\boxed{W = -7{,}13 \text{ J.}} \quad (6.57)$$

Es negativo, luego el trabajo lo realiza un agente externo contra el campo eléctrico.

Problema 6.12

Tenemos un hilo infinito cargado homogéneamente con una densidad lineal de carga λ. Sabemos que el flujo del campo eléctrico sobre una superficie esférica de 23,7 cm de radio, cuyo centro es atravesado por el hilo, es de 48207,8 V·m, ¿qué valor tiene λ?

Solución:

Usando el teorema de Gauss podemos obtener la carga total, q_{int}, que hay en el interior de la esfera

$$q_{\text{int}} = \epsilon_0 \Phi = \frac{1}{4\pi \cdot 9 \cdot 10^9} \cdot 48207{,}8 = 426{,}3 \text{ nC.} \quad (6.58)$$

La carga q_{int} se reparte sobre el trozo de hilo cargado que queda dentro de la superficie esférica. Como el hilo pasa por el centro de la esfera, la longitud de ese hilo, L, tiene que ser igual a dos veces el radio de la esfera. Luego λ lo calculamos como

$$\lambda = \frac{q_{\text{int}}}{L} = \frac{426{,}3 \cdot 10^{-9}}{2 \cdot 0{,}273} \quad \Rightarrow \quad \boxed{\lambda = 780{,}8 \text{ nC/m.}} \tag{6.59}$$

Problema 6.13

En una región del espacio tenemos un campo eléctrico constante $\vec{E} = 4000\,\vec{\imath}$ N/C. a) Calcule la forma del potencial eléctrico en esa región. b) ¿Qué energía eléctrica hay acumulada en un volumen cúbico de 17,7 cm de arista?

Solución:

Para el apartado a) vamos a usar

$$\vec{E} = -\vec{\nabla} V = -\left(\frac{\partial V}{\partial x}\vec{\imath} + \frac{\partial V}{\partial y}\vec{\jmath} + \frac{\partial V}{\partial z}\vec{k} \right) \quad \Rightarrow \quad \frac{\partial V}{\partial x} = -4000. \tag{6.60}$$

Por lo que el potencial eléctrico en esa región es

$$\boxed{V = -4000 x \text{ V.}} \tag{6.61}$$

Para calcular la energía eléctrica, U, acumulada empleamos la expresión

$$\rho_E = \frac{1}{2} \vec{E} \cdot \vec{D}, \tag{6.62}$$

que nos da la densidad de energía del campo eléctrico. En el caso del vacío, esta expresión se reduce a

$$\rho_E = \frac{1}{2} \epsilon_0 E^2. \tag{6.63}$$

Por ser la densidad constante, solo tenemos que multiplicar la densidad por el volumen total para calcular la energía

$$U = \rho_E \cdot \text{Vol} = \frac{1}{2} \epsilon_0 E^2 a^3, \tag{6.64}$$

donde a es la arista de la región cúbica.

$$U = \frac{1}{2 \cdot 4\pi \cdot 9 \cdot 10^9} 4000^2 \cdot 0{,}177^3 \quad \Rightarrow \quad \boxed{U = 392{,}24 \text{ nJ.}} \tag{6.65}$$

Problema 6.14

En una región del espacio hay un campo eléctrico dado por $\vec{E} = -2,0x\vec{\imath} - 3,0y\vec{\jmath} + 2,0z\vec{k}$ N/C. Calcule la densidad de carga y el potencial eléctrico en esa región. Calcule también el flujo del campo eléctrico que atraviesa una superficie esférica de radio $R = 4$ cm situada en esa región.

Solución:

Para el cálculo de la densidad de carga, ρ, usamos la ley de Gauss en forma diferencial:

$$\vec{\nabla} \cdot \vec{E} = \frac{\rho}{\epsilon_0} \quad \Rightarrow \quad \rho = \epsilon_0 \left(\frac{\partial E_x}{\partial x} + \frac{\partial E_y}{\partial y} + \frac{\partial E_z}{\partial z} \right), \tag{6.66}$$

y tenemos:

$$\rho = \frac{1}{4\pi \cdot 9 \cdot 10^9} (-2,0 - 3,0 + 2,0) \quad \Rightarrow \quad \boxed{\rho = -26,5 \cdot 10^{-12} \text{ C/m}^3} \tag{6.67}$$

Es fácil comprobar que el potencial viene dado por:

$$\boxed{V = +x^2 + 1,5y^2 - z^2 \text{ V.}} \tag{6.68}$$

Simplemente haciendo el cálculo del gradiente de V:

$$\vec{E} = -\vec{\nabla} V = -\left(\frac{\partial V}{\partial x} \vec{\imath} + \frac{\partial V}{\partial y} \vec{\jmath} + \frac{\partial V}{\partial z} \vec{k} \right). \tag{6.69}$$

Para obtener el flujo que atraviesa la superficie esférica nos vamos a aprovechar de que la densidad de cara es constante, luego el flujo, usando la ley de Gauss, es:

$$\Phi = \frac{q_{\text{int}}}{\epsilon_0} = \frac{\rho \cdot v}{\epsilon_0}, \tag{6.70}$$

siendo v el volumen de la esfera:

$$\Phi = \frac{-26,5 \cdot 10^{-12} \cdot 4/3\pi (4 \cdot 10^{-2})^3}{\frac{1}{4\pi \cdot 9 \cdot 10^9}} \quad \Rightarrow \quad \boxed{\Phi = -804,2 \cdot 10^{-6} \text{ Vm.}} \tag{6.71}$$

Problema 6.15

Tenemos el siguiente campo eléctrico: $\vec{E} = +8,0x\vec{\imath} - 5,0y\vec{\jmath} - 5,0\vec{k}$ N/C. Calcule el trabajo que hace ese campo cuando una carga de 12 μC se mueve del punto (0,0,0) al punto (1,1,1), donde las coordenadas están dadas en metros. ¿Quién hace el trabajo? Calcule también el flujo del campo eléctrico que atraviesa una superficie cúbica de arista $a = 10$ cm situada en esa región.

Solución:

El trabajo, W, que hace el campo es

$$W = -q\Delta V = -q(V_f - V_0) = q(V_0 - V_f). \tag{6.72}$$

Es fácil comprobar que el potencial viene dado por:

$$\boxed{V = -4{,}0x^2 + 2{,}5y^2 + 5{,}0z \text{ V},} \tag{6.73}$$

simplemente haciendo el cálculo del gradiente de V:

$$\vec{E} = -\vec{\nabla}V = -\left(\frac{\partial V}{\partial x}\vec{\imath} + \frac{\partial V}{\partial y}\vec{\jmath} + \frac{\partial V}{\partial z}\vec{k}\right). \tag{6.74}$$

Calculamos los potenciales en ambos puntos:

$$V_0 = 0 \text{ V} \quad \text{y} \quad V_f = -4{,}0 \cdot 1^2 + 2{,}5 \cdot 1^2 + 5{,}0 \cdot 1 = 3{,}5 \text{ V}. \tag{6.75}$$

Luego, sustituyendo en (6.72), obtenemos que el trabajo es:

$$\boxed{W = -42 \text{ } \mu\text{J}.} \tag{6.76}$$

Como es negativo, el trabajo lo hace un agente externo en contra del campo eléctrico.

Para obtener el flujo calculamos la densidad de carga, ρ, usando la ley de Gauss en forma diferencial:

$$\begin{aligned}\vec{\nabla} \cdot \vec{E} = \frac{\rho}{\epsilon_0} \quad &\Rightarrow \quad \rho = \epsilon_0\left(\frac{\partial E_x}{\partial x} + \frac{\partial E_y}{\partial y} + \frac{\partial E_z}{\partial z}\right) \quad \Rightarrow \\ \rho = \frac{1}{4\pi \cdot 9 \cdot 10^9}(+8{,}0 - 5{,}0) \quad &\Rightarrow \quad \boxed{\rho = 3\epsilon_0 = 26{,}5 \text{ nC/m}^3.}\end{aligned} \tag{6.77}$$

Como la densidad de carga es constante, el flujo, usando la ley de Gauss, es:

$$\Phi = \frac{q_{\text{int}}}{\epsilon_0} = \frac{\rho \cdot v}{\epsilon_0}, \tag{6.78}$$

siendo $v = a^3$ el volumen encerrado por la superficie cúbica:

$$\Phi = \frac{3\epsilon_0 \cdot (10 \cdot 10^{-2})^3}{\epsilon_0} \quad \Rightarrow \quad \boxed{\Phi = 3 \cdot 10^{-3} \text{ Vm}.} \tag{6.79}$$

Tema 7

Conductores y dieléctricos

Problema 7.1

Necesitamos una resistencia de 150 Ω, pero solo disponemos de resistencias de 100 Ω, ¿cómo podríamos obtenerla?

Solución:

Primero recordemos las leyes de asociación de las resistencias. Cuando colocamos n resistencias en serie, R_i, esta asociación se comporta como una única resistencia equivalente, R_{equiv}, de valor igual a la suma de todas las resistencias.

$$R_{equiv} = \sum_{i=1}^{n} R_i. \qquad (7.1)$$

Cuando las asociamos en paralelo, el inverso de la resistencia equivalente es igual a la suma de los inversos.

$$\frac{1}{R_{equiv}} = \sum_{i=1}^{n} \frac{1}{R_i}. \qquad (7.2)$$

Si todas las resistencias en una asociación en paralelo son iguales

$$\frac{1}{R_{equiv}} = \sum_{i=1}^{n} \frac{1}{R} = \frac{n}{R} \quad \Rightarrow \quad R_{equiv} = \frac{R}{n}. \qquad (7.3)$$

Este problema es bastante sencillo y no hay una única solución. Si tuviéramos una resistencia de 100 Ω y otra de 50 Ω, bastaría con ponerlas en serie para tener una resistencia efectiva de 150 Ω. La relación (7.3) nos dice que al poner 2 resistencias del mismo valor R en paralelo, la resistencia total es $R_{equiv} = R/2$, luego si colocamos dos resistencias de 100 Ω en paralelo tendremos una resistencia de 50 Ω que, al colocarla en serie con otra de 100 Ω nos darían los 150 Ω que nos pide el enunciado.

Problema 7.2

Calcule la resistencia del conductor de la figura, cuya sección tiene un radio variable dado por:

$$r = \frac{b-a}{l}x + a \qquad (7.4)$$

en función de la resistividad, ρ, del material y donde x es la distancia a la sección de radio a.

Solución:

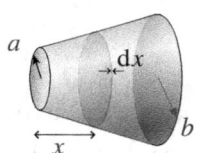

La resistencia, R, de un conductor cilíndrico de resistividad ρ, área de la sección S y longitud l nos la da la expresión

$$R = \frac{\rho l}{S}. \qquad (7.5)$$

En nuestro caso no tenemos un cilindro, pero podemos descomponerlo en una serie de discos de espesor infinitesimal dx colocados en serie, ver figura. Cada uno de estos discos tendrá una resistencia infinitesimal dada por (7.5), pero donde ahora tendremos una resistencia infinitesimal

$$dR = \frac{\rho\,dx}{\pi r^2} = \frac{\rho\,dx}{\pi\left(\frac{b-a}{l}x + a\right)^2}, \qquad (7.6)$$

siendo x la distancia del disco al extremo de la izquierda. Para calcular la resistencia total tenemos que sumar las resistencias de todos los discos, desde $x = 0$ hasta $x = l$. Al ser cantidades infinitesimales, esta suma es, en realidad, una integral.

$$R = \int_0^l \frac{\rho\,dx}{\pi\left(\frac{b-a}{l}x + a\right)^2} = \frac{\rho}{\pi}\int_0^l \frac{1}{\left(\frac{b-a}{l}x + a\right)^2}dx. \qquad (7.7)$$

Es fácil calcular esta integral tras ver el resultado de la siguiente derivada:

$$\frac{d}{dx}\left(\frac{1}{\frac{b-a}{l}x+a}\right) = \frac{d}{dx}\left(\frac{b-a}{l}x+a\right)^{-1} = \frac{b-a}{l}\left(\frac{b-a}{l}x+a\right)^{-1-1}$$
$$= \frac{b-a}{l}\frac{1}{\left(\frac{b-a}{l}x+a\right)^2}. \tag{7.8}$$

Esto es,

$$R = \frac{\rho}{\pi}\frac{l}{b-a}\left(\frac{1}{\frac{b-a}{l}x+a}\right)\Big|_0^l = \frac{\rho}{\pi}\frac{l}{b-a}\left(\frac{1}{a}-\frac{1}{b}\right) = \frac{\rho}{\pi}\frac{l}{b-a}\frac{b-a}{ab}. \tag{7.9}$$

Y nos queda

$$\boxed{R = \frac{\rho l}{\pi ab}.} \tag{7.10}$$

Comprobamos que en el caso de que $a = b$, en el que tendríamos un conductor cilíndrico, la resistencia sería igual a la expresión (7.5).

Problema 7.3

Un conductor cilíndrico de longitud $l = 59$ cm, con un radio $a_1 = 1,27$ mm y resistividad $\rho_1 = 44,41$ mΩ·m está rodeado por una corteza cilíndrica de la misma longitud, con un radio $a_2 = 1,89$ mm y resistividad $\rho_2 = 56,46$ mΩ·m. ¿Qué diferencia de potencial tenemos que aplicar en sus extremos para que se disipe una potencia $P = 1,2$ W?

Solución:

Primero tenemos que calcular la resistencia de ese conductor. Calculamos R_1 la resistencia del conductor de radio a_1 usando la fórmula:

$$R_1 = \frac{\rho_1 l}{S_1} = \frac{\rho_1 l}{\pi a_1^2} = \frac{44,41 \cdot 0,59}{\pi \cdot 0,00127^2} = 5171 \ \Omega. \tag{7.11}$$

Para R_2 hacemos algo similar, pero teniendo en cuenta que no es un cilindro macizo:

$$R_2 = \frac{\rho_2 l}{S_2} = \frac{\rho_2 l}{\pi\left(a_2^2 - a_1^2\right)} = 5412,1 \ \Omega. \tag{7.12}$$

Estos dos cilindros así dispuestos se pueden considerar como dos resistencias en paralelo, luego la resistencia total es:

$$R_T = \frac{R_1 R_2}{R_1 + R_2} = 2644,4 \ \Omega. \tag{7.13}$$

Y con esto podemos calcular la diferencia de potencial necesaria:

$$P = \frac{V^2}{R_T} \Rightarrow V = \sqrt{PR_T} = \sqrt{1{,}2 \cdot 2644{,}4} \Rightarrow \boxed{V = 56 \text{ V.}} \qquad (7.14)$$

Problema 7.4

Tenemos un generador que tiene una f.e.m. de 12 V y una resistencia interna de 10 Ω. Calcule el valor que tendría que tener una resistencia externa para que, al conectarla a este generador, disipara la máxima potencia. Diga también cuál es el valor de esta potencia máxima.

Solución:

La potencia disipada en una resistencia externa, R, es, según la ley de Joule,

$$P = I^2 R, \qquad (7.15)$$

donde la intensidad viene dada por

$$I = \frac{V}{r_i + R}, \qquad (7.16)$$

siendo V la f.e.m. del generador y r_i su resistencia interna.

$$P = \frac{R}{(R + r_i)^2} V^2. \qquad (7.17)$$

Si el generado fuera ideal, $r_i = 0$, la potencia disipada sería

$$P_{\text{ideal}} = \frac{V^2}{R}, \qquad (7.18)$$

por lo que a menor resistencia más potencia disipada. Para ver qué resistencia externa podemos extraer la máxima potencia del generador, vamos a derivar (7.17) respecto de R e igualar a cero para encontrar el extremo relativo de esta función.

$$\frac{dP}{dR} = \frac{d}{dR}\left(\frac{R}{(R+r_i)^2} V^2\right) = 0 \Rightarrow \frac{(R+r_i)^2 - R \cdot 2(R+r_i)}{(R+r_i)^4} \Rightarrow$$
$$\Rightarrow R + r_1 - 2R = 0 \Rightarrow R = r_i. \qquad (7.19)$$

Por lo que para maximizar la transferencia de potencia al exterior del generador, la resistencia externa tiene que ser igual a la resistencia interna del generador.

La potencia máxima que, por tanto, podemos extraer de un generador real con resistencia interna r_i y f.e.m. igual a V es:

$$P_{\max} = \frac{r_i}{(r_i + r_i)^2} V^2 \Rightarrow \boxed{P_{\max} = \frac{V^2}{4r_i}}. \tag{7.20}$$

En nuestro caso particular, la potencia máxima es

$$P_{\max} = \frac{12^2}{4 \cdot 10} \Rightarrow \boxed{P_{\max} = 3{,}6 \text{ W}.} \tag{7.21}$$

Problema 7.5

Tenemos unos generadores de 50 V de f.e.m. y con una resistencia interna de 15 Ω. Queremos alimentar la resistencia de un calefactor de 500 Ω con estos generadores. ¿Cuántos generadores tenemos que conectar en paralelo para que el rendimiento del sistema sea al menos igual a $\eta = 0{,}99$?

Solución:

Recordemos que el rendimiento, η, expresa en tanto por uno la proporción de energía que se emplea fuera del propio generador. Matemáticamente lo expresamos como

$$\eta = \frac{P_{\text{útil}}}{P_{\text{total}}}, \tag{7.22}$$

donde P_{total} es la potencia que es capaz de entregar el generador y $P_{\text{útil}}$ es la potencia que se entrega fuera del generador, esto es, la que no se pierde en las resistencias internas del generador. En un generador con una resistencia interna r_i y una fuerza electromotriz, ε, conectado a una resistencia externa, R, tenemos la relación

$$\underbrace{\varepsilon I}_{P_{\text{total}}} = \underbrace{I^2 R}_{P_R} + \underbrace{I^2 r_i}_{P_{r_i}}, \tag{7.23}$$

que no es sino un balance de energías. La potencia total entregada por el generador, P_{total}, es igual a la suma de las potencias disipadas en las resistencias, $P_R + P_{r_i}$. Dividiendo (7.23) por I tenemos

$$\varepsilon = IR + Ir_i \Rightarrow V_R = \varepsilon - Ir_i. \tag{7.24}$$

$V_R = IR$ es la diferencia de potencial en la resistencia. Podemos ya calcular el rendimiento usando la definición (7.22) y reconociendo que la potencia útil es la disipada por la resistencia externa, $P_{\text{útil}} = I^2R$,

$$\eta = \frac{I^2R}{\varepsilon I} = \frac{V_R}{\varepsilon} = \frac{\varepsilon - Ir_i}{\varepsilon} \quad \Rightarrow \quad \eta = 1 - I\frac{r_i}{\varepsilon}. \tag{7.25}$$

Nos interesa saber qué valor tendría que tener la resistencia interna de un generador en función de la resistencia externa conectada y del rendimiento requerido. Para eso manipulamos la expresión (7.25) sustituyendo ε por $IR + Ir_i$,

$$\eta = 1 - I\frac{r_i}{I(R + r_i)} \quad \Rightarrow \quad r_i = \frac{1 - \eta}{\eta}R. \tag{7.26}$$

Para nuestro caso particular tenemos

$$r_i = \frac{1 - 0{,}99}{0{,}99} 150 = 1{,}5 \ \Omega. \tag{7.27}$$

Como los generadores de que disponemos tienen una resistencia interna $r_i = 15 \ \Omega$, necesitamos colocar varios de estos generadores en paralelo, ya que su resistencia interna equivalente será igual a la resistencia de uno dividida por el número de generadores en paralelo. Con esto podemos comprobar que necesitamos al menos diez de estos generadores en paralelo para tener un generador equivalente con una resistencia igual o inferior a 1,5 Ω.

Problema 7.6

¿Cuántas calorías por minuto desprende una resistencia de 1,5 kΩ al conectarla a una diferencia de potencial de 300 V?

Solución:

Según la ley de Joule, una resistencia disipa una potencia, P, dada por

$$P = \frac{V^2}{R}, \tag{7.28}$$

luego, en nuestro caso, tenemos

$$P = \frac{300^2}{1{,}5 \cdot 10^3} = 60 \ \text{W}. \tag{7.29}$$

En un minuto, la energía disipada, U_{minuto}, es

$$U_{\text{minuto}} = P\Delta t = 60 \cdot 60 = 3600 \ \text{J}. \tag{7.30}$$

El enunciado nos pide cuántas calorías por minuto, y en lo anterior tenemos los joule por minuto. Sabemos que una caloría equivale a 4,18 J, por lo que el calor desprendido en un minuto, Q_{minuto}, expresado en calorías es

$$Q_{\text{minuto}} = \frac{60}{4,28} \Rightarrow \boxed{Q_{\text{minuto}} = 12,5 \text{ cal.}} \tag{7.31}$$

Problema 7.7

¿A partir de condensadores de 10 μF cómo podríamos fabricar un condensador de 7,5 μF?

Solución:

Para resolver este problema actuamos como en el problema 7.1, pero con las leyes de asociación de condensadores. Cuando asociamos n condensadores, C_i, en paralelo la capacidad equivalente, C_{equiv}, es igual a la suma de las capacidades.

$$C_{\text{equiv}} = \sum_{i=1}^{n} C_i. \tag{7.32}$$

Mientras que al asociarlos en serie, el inverso de la capacidad equivalente es igual a la suma de los inversos.

$$\frac{1}{C_{\text{equiv}}} = \sum_{i=1}^{n} \frac{1}{C_i}. \tag{7.33}$$

Si ponemos n condensadores en serie de la misma capacidad, C, la capacidad equivalente de la asociación es:

$$\frac{1}{C_{\text{equiv}}} = \sum_{i=1}^{n} \frac{1}{C} = \frac{n}{C} \Rightarrow C_{\text{equiv}} = \frac{C}{n}. \tag{7.34}$$

Este problema también es sencillo y, como en el problema 7.1, no hay una única solución. Si asociamos en paralelo un condensador de 5 μF con otro de 2,5 μF, tendríamos una capacidad total de 7,5 μF, como nos piden, y podemos formar un condensador 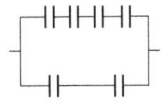 de 5 μ asociando dos de 10 μF en serie, mientras que asociando cuatro también en serie tendríamos los 2,5μF.

Problema 7.8

En un material dieléctrico homogéneo, isótropo y lineal (HIL) de permitividad ϵ, el campo eléctrico viene dado por:

$$\vec{E} = x^2 \vec{i} + z \vec{k} \quad (V/m). \tag{7.35}$$

¿Cuánto vale la densidad de carga libre en esa región? ¿Y la densidad de carga ligada?

Solución:

La densidad de carga libre, ρ_f, está relacionada con el vector desplazamiento eléctrico, $\vec{D}$, por medio de la expresión

$$\rho_f = \vec{\nabla} \cdot \vec{D}. \tag{7.36}$$

Sabemos que este vector desplazamiento en los materiales HIL viene dado por $\vec{D} = \epsilon \vec{E}$, por lo que tenemos

$$\rho_f = \epsilon \vec{\nabla} \cdot \vec{E} = \epsilon \left(\frac{\partial}{\partial x}(x^2) + \frac{\partial}{\partial y}(0) + \frac{\partial}{\partial z}(z) \right) \Rightarrow \boxed{\rho_f = \epsilon(2x+1).} \tag{7.37}$$

Para calcular la densidad de carga ligada, ρ_b, podemos emplear la relación

$$\rho_b = -\vec{\nabla} \cdot \vec{P}. \tag{7.38}$$

Y en los materiales HIL, el vector polarización, $\vec{P}$, está relacionado con el campo eléctrico por medio de

$$\vec{P} = \chi_e \epsilon_0 \vec{E}, \tag{7.39}$$

donde χ_e es la susceptibilidad eléctrica del material, que está relacionada con la permitividad del material por medio de

$$\epsilon = \epsilon_0 (1 + \chi_e) \Rightarrow \chi_e = 1 - \frac{\epsilon}{\epsilon_0} = 1 - \epsilon_r, \tag{7.40}$$

donde $\epsilon_r = \epsilon/\epsilon_0$ es la permitividad relativa del material, una cantidad también adimensional, como la susceptibilidad. Sustituimos en (7.38)

$$\rho_b = -(1 - \epsilon_r) \epsilon_0 \vec{\nabla} \cdot \vec{E} \Rightarrow \boxed{\rho_b = (\epsilon - \epsilon_0)(2x+1).} \tag{7.41}$$

Problema 7.9

Tenemos un condensador plano cuyas armaduras tienen una superficie $A = 18,8$ cm^2 y que tiene un dieléctrico de constante $\kappa = 3,2$, que está llenando completamente el espacio entre sus armaduras. Este condensador está cargado con una diferencia de potencial $V = 43$ V. Si en las caras del dieléctrico aparece una densidad de carga ligada $\sigma_b = 2,21$ C/m^2, calcule la capacidad del condensador sin dieléctrico.

Solución:

Para calcular la capacidad del condensador sin dieléctrico C_0 necesitamos la capacidad del condensador con dieléctrico C, que están relacionadas por medio de $C = \kappa C_0$. Conocemos A y V, por lo que podemos emplear $C = q/V = \sigma_f \cdot A/V$ para obtener C, donde σ_f es la densidad de carga libre en las armaduras del condensador. Pero el dato que nos dan es la densidad de carga ligada σ_b. Hay una relación entre ambas que vamos a deducir. En el interior del condensador con dieléctrico hay un campo eléctrico E que está relacionado con el campo que habría sin dieléctrico E_0 (a igualdad de carga libre) por medio de $E = E_0/\kappa$. El campo sin dieléctrico E_0 viene dado por $E_0 = \sigma_f/\epsilon_0$. La carga ligada crea a su vez un campo eléctrico, que vamos a llamar campo inducido E_{ind}, que se opone al campo creado por la carga libre E_0. Este campo inducido viene dado por $E_{\text{ind}} = \sigma_b/\epsilon_0$. El campo total E es la suma, en realidad la diferencia porque tienen sentidos opuestos, del campo E_0 y E_{ind}:

$$E = E_0 - E_{\text{ind}} \Rightarrow \frac{\sigma_f}{\epsilon_0 \kappa} = \frac{\sigma_f}{\epsilon_0} - \frac{\sigma_b}{\epsilon_0} \Rightarrow \sigma_f = \frac{\kappa}{\kappa - 1}\sigma_b. \qquad (7.42)$$

Sustituyendo numéricamente:

$$\sigma_f = \frac{3,2}{3,2 - 1}2,21 = 3,22 \text{ C/m}^2. \qquad (7.43)$$

Y con esto obtenemos la capacidad de condensador con dieléctrico C:

$$C = \frac{\sigma_f A}{V} = \frac{3,22 \cdot 18,8 \cdot 10^4}{43} = 140,8 \ \mu\text{F}. \qquad (7.44)$$

Y, por último, la capacidad sin dieléctrico:

$$C_0 = \frac{C}{\kappa} = \frac{140,8}{3,2} \Rightarrow \boxed{C_0 = 44 \ \mu\text{F.}} \qquad (7.45)$$

Problema 7.10

Tenemos un condensador plano, cuya separación entre sus armaduras es de 5,6 mm, conectado en serie a otro de capacidad 7 pF. Sumergimos el primer condensador en un líquido de constante dieléctrica $\kappa = 3,4$. En esta situación, la capacidad de la asociación es equivalente a la que tendría el primer condensador fuera del líquido con las armaduras separadas hasta una distancia de 6,8 mm. ¿Cuál es el área de las armaduras del primer condensador?

Solución:

La capacidad de un condensador plano es $C = \epsilon_0 A/d$, donde A es el área de las armaduras y d es la distancia de separación. Cuando a un condensador le cambiamos su separación entre armaduras de un valor d_0 a un valor d la capacidad pasa de C a un C' dado por:

$$C' = \frac{\epsilon_0 A}{d} = \frac{\epsilon_0 A}{d} \cdot \frac{d_0}{d_0} = \underbrace{\frac{\epsilon_0 A}{d_0}}_{C} \frac{d_0}{d} \quad \Rightarrow \quad C' = C\frac{d_0}{d}. \tag{7.46}$$

Vamos a llamar C_1 al primer condensador y C_2 al segundo. Lo que el enunciado nos dice es que:

$$C_1 \frac{d_0}{d} = \frac{\kappa C_1 C_2}{\kappa C_1 + C_2} \quad \Rightarrow \quad \frac{d_0}{d} = \frac{\kappa C_2}{\kappa C_1 + C_2} \quad \Rightarrow \quad \left(\kappa - \frac{d_0}{d}\right) C_2 = \kappa \frac{d_0}{d} C_1$$

$$= \kappa \frac{\cancel{d_0}}{d} \frac{\epsilon_0 A}{\cancel{d_0}} \quad \Rightarrow \quad A = \left(\kappa - \frac{d_0}{d}\right) C_2 \frac{d}{\kappa \epsilon_0}. \tag{7.47}$$

Sustituyendo:

$$A = \left(3,4 - \frac{5,6}{6,8}\right) \cdot 7 \cdot 10^{-12} \frac{6,8 \cdot 10^{-3} 4\pi \cdot 9 \cdot 10^9}{3,4} \quad \Rightarrow \quad \boxed{A = 4,08 \cdot 10^{-3} \text{ m}^2.} \tag{7.48}$$

Problema 7.11

Un condensador plano tiene una capacidad sin dieléctrico de $C_0 = 10 \ \mu\text{F}$. Le introducimos dos dieléctricos como en la figura, donde A es el área de las armaduras y d es el espacio entre ellas. Uno de los dieléctricos tiene una constante dieléctrica $\kappa_1 = 1,6$ y el otro una constante dieléctrica $\kappa_2 = 2,5$. *a)* Calcule la capacidad que ahora tiene ese condensador. *b)* Cargamos el condensador con una diferencia de potencial $V = 15$ V entre sus armaduras. Calcule la carga y la energía almacenada en el condensador antes y después de introducir los dieléctricos.

Solución:

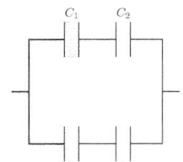

El condensador sin dieléctricos tiene una capacidad, al ser plano, dada por:

$$C_0 = \frac{\epsilon_0 A}{d}. \qquad (7.49)$$

El condensador con los dieléctricos es equivalente al circuito de la figura, donde C_1 y C_3 tienen dieléctrico, unas armaduras de área $A/2$ y unas separaciones de $d/$ y $3d/4$, respectivamente. C_2 y C_4 no tienen dieléctrico y tienen unas armadures de área $A/2$ y separaciones entre ellas de $d/2$ y $d/4$, respectivamente. Esto es:

$$C_1 = \kappa_1 \frac{\epsilon_0 A/2}{d/2} = \kappa_1 \frac{\epsilon_0 A}{d} \quad \Rightarrow \quad C_1 = \kappa_1 C_0, \qquad (7.50)$$

donde en el último paso hemos usado el valor de C_0, que viene dado por (7.49). Para el resto procedemos de manera similar.

$$C_2 = \frac{\epsilon_0 A/2}{d/2} = \frac{\epsilon_0 A}{d} \quad \Rightarrow \quad C_2 = C_0, \qquad (7.51)$$

$$C_3 = \kappa_2 \frac{\epsilon_0 A/2}{3d/4} = \kappa_2 \frac{2}{3} \frac{\epsilon_0 A}{d} \quad \Rightarrow \quad C_3 = \frac{2\kappa_2}{3} C_0, \qquad (7.52)$$

y

$$C_4 = \frac{\epsilon_0 A/2}{d/4} = 2\frac{\epsilon_0 A}{d} \quad \Rightarrow \quad C_4 = 2C_0. \qquad (7.53)$$

La capacidad total, C, sería:

$$C = \frac{C_1 \cdot C_2}{C_1 + C_2} + \frac{C_3 \cdot C_4}{C_3 + C_4} = \frac{\kappa_1 C_0}{(\kappa_1 + 1)C_0} + \frac{2/3\kappa_2 \cdot 2C_0}{(2/3\kappa_2 + 2)C_0} \cdot \frac{3}{3} \qquad (7.54)$$

Por lo que

$$C = \left(\frac{\kappa_1}{\kappa_1 + 1} + \frac{4\kappa_2}{2\kappa_2 + 6} \right) C_0 \qquad (7.55)$$

Usando los valores de las constantes dieléctricas del enunciado:

$$C = \left(\frac{1{,}6}{1{,}6+1} + \frac{4 \cdot 2{,}5}{2 \cdot 2{,}5+6}\right) C_0 = 1{,}52 \cdot 10 \cdot 10^{-6} = 15{,}2 \cdot 10^{-6} \Rightarrow \boxed{C = 15{,}2\,\mu\text{F.}}$$
(7.56)

Para calcular la carga usamos $q = CV$ y para la energía $U = 1/2CV^2$. Tenemos que antes de meter los dieléctricos,

$$q_0 = C_0 V = 10 \cdot 10^{-6} \cdot 15 \Rightarrow \boxed{q_0 = 150{,}0 \cdot 10^{-6} = 150{,}0\,\mu\text{C,}} \quad (7.57)$$

y

$$U_0 = \frac{1}{2}C_0 V^2 = \frac{1}{2} 10 \cdot 15^2 \Rightarrow \boxed{U_0 = 1{,}12 \cdot 10^{-3} = 1{,}12 \text{ mJ.}} \quad (7.58)$$

Cuando el condensador tiene los dieléctricos:

$$q = CV = 15{,}2 \cdot 10^{-6} \cdot 15 \Rightarrow \boxed{q = 228{,}0 \cdot 10^{-6} = 228{,}0\,\mu\text{C,}} \quad (7.59)$$

y

$$U = \frac{1}{2}CV^2 = \frac{1}{2} 15{,}2 \cdot 15^2 \Rightarrow \boxed{U = 1{,}71 \cdot 10^{-3} = 1{,}71 \text{ mJ.}} \quad (7.60)$$

Problema 7.12

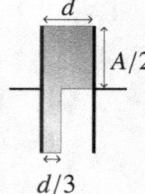

El condensador plano de la figura tiene una capacidad sin dieléctrico $C_0 = 15\,\mu\text{F}$. Las armaduras del condensador tienen un área A y están separadas una distancia d. Le añadimos un dieléctrico de constante $\kappa = 2{,}1$ que no llena completamente el espacio entre armaduras, como se ve en la figura. Calcule cuál es la nueva capacidad del condensador con dieléctrico.

Solución:

El condensador del enunciado, que es un condensador plano, C_0, tiene una capacidad en vacío, C_0, dada por

$$C_0 = \frac{\epsilon_0 A}{d}, \quad (7.61)$$

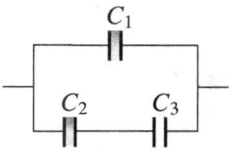

siendo A el área de las armaduras y d la separación entre ellas. El condensador con el dieléctrico así dispuesto es equivalente a la asociación de tres condensadores que vemos en la figura. El condensador C_1 es un condensador cuyas armaduras tienen un área $A/2$, una separación d y está completamente lleno de dieléctrico. Los condensadores C_2 y C_3 también tienen unas armaduras de área $A/2$, pero una separación entre ellas de $d/3$ y $2d/3$, respectivamente, además de que C_2 tiene dieléctrico y C_3 no tiene. Por tanto, tenemos

$$C_1 = \kappa \frac{\epsilon_0 A/2}{d} = \frac{\kappa}{2} \underbrace{\frac{\epsilon_0 A}{d}}_{C_0} \quad \Rightarrow \quad C_1 = \frac{\kappa}{2} C_0, \tag{7.62}$$

$$C_2 = \kappa \frac{\epsilon_0 A/2}{d/3} = \frac{3\kappa}{2} \underbrace{\frac{\epsilon_0 A}{d}}_{C_0} \quad \Rightarrow \quad C_2 = \frac{3\kappa}{2} C_0 \tag{7.63}$$

y

$$C_3 = \frac{\epsilon_0 A/2}{2d/3} = \frac{3}{4} \underbrace{\frac{\epsilon_0 A}{d}}_{C_0} \quad \Rightarrow \quad C_3 = \frac{3}{4} C_0. \tag{7.64}$$

Ahora buscamos la capacidad equivalente de esos tres condensadores. Como C_2 y C_3 están en serie, los podemos sustituir por un condensador de capacidad equivalente, $C_{2,3}$, dada por

$$C_{2,3} = \frac{C_2 C_3}{C_2 + C_3} = \frac{\frac{9}{8} \kappa C_0^2}{\left(\frac{3\kappa}{2} + \frac{3}{4}\right) C_0} \quad \Rightarrow \quad C_{2,3} = \frac{9\kappa}{2(6\kappa + 3)} C_0. \tag{7.65}$$

La capacidad total, C_T, es la suma de C_1 y $C_{2,3}$ por estar en paralelo

$$C_T = C_1 + C_{2,3} = \frac{\kappa}{2} C_0 + \frac{9\kappa}{2(6\kappa + 3)} C_0 \quad \Rightarrow \quad \boxed{C_T = \left(\kappa + \frac{9\kappa}{6\kappa + 3}\right) \frac{C_0}{2}.} \tag{7.66}$$

Problema 7.13

Disponemos de un condensador plano con una separación entre armaduras de 5,9 mm y lo hemos conectado a otros dos de capacidad 7 pF cada uno, de manera que los tres están en paralelo. Sumergimos el primer condensador en un líquido de constante dieléctrica $\kappa = 3,4$. En esta situación, la capacidad de la asociación es equivalente a la que tendría el primer condensador fuera del líquido con las armaduras separadas hasta una distancia de 1,5 mm. ¿Cuál es el área de las armaduras del primer condensador?

Solución:

La capacidad de un condensador plano es $C = \epsilon_0 A/d$, donde A es el área de las armaduras y d es la distancia de separación. Cuando a un condensador le cambiamos su separación entre armaduras de un valor d_0 a un valor d, la capacidad pasa de C a un C' dado por:

$$C' = \frac{\epsilon_0 A}{d} = \frac{\epsilon_0 A}{d} \cdot \frac{d_0}{d_0} = \frac{\epsilon_0 A}{d_0} \frac{d_0}{d} \Rightarrow C' = C \frac{d_0}{d}. \tag{7.67}$$

Vamos a llamar C_1 al primer condensador y C_2 y C_3 a los otros dos. Lo que el enunciado nos dice es que:

$$C_1 \frac{d_0}{d} = \kappa C_1 + C_2 + C_3 \Rightarrow C_1 \left(\frac{d_0}{d} - \kappa\right) = 2C_2 \Rightarrow$$
$$\Rightarrow \frac{\epsilon_0 A}{d_0}\left(\frac{d_0}{d} - \kappa\right) = 2C_2 \Rightarrow A = \frac{2 d_0 C_2}{\left(\frac{d_0}{d} - \kappa\right)\epsilon_0}. \tag{7.68}$$

Sustituyendo:

$$A = \frac{2 \cdot 5{,}9 \cdot 10^{-3} \cdot 7 \cdot 10^{-12}}{\left(\frac{5{,}9}{1{,}5} - 3{,}4\right)} \cdot 4\pi \cdot 9 \cdot 10^9 \Rightarrow \boxed{A = 17{,}5 \cdot 10^{-3} \text{ m}^2.} \tag{7.69}$$

Problema 7.14

Tenemos un condensador de capacidad $C_1 = 129$ nF sin dieléctrico conectado en paralelo con un condensador de la misma capacidad. Esta asociación la conectamos en serie con otro condensador de capacidad igual a $C_2 = 192$ nF. Calcule el valor de la constante dieléctrica del material que tendríamos que introducir en el primer condensador para que la capacidad de toda la asociación (con los tres condensadores) fuera igual a C_1.

Solución:

La capacidad de los C_1 y C_2 en paralelo es:

$$C_{12} = \kappa C_1 + C_1. \tag{7.70}$$

Al conectarlos en serie con un condensador de capacidad C_2 tenemos una capacidad total:

$$C_t = \frac{(\kappa C_1 + C_1) C_2}{\kappa C_1 + C_1 + C_2} \tag{7.71}$$

El enunciado nos pide que κ haga que se verifique que:

$$C_1 = C_t \quad \Rightarrow \quad C_1 = \frac{(\kappa C_1 + C_1)C_2}{\kappa C_1 + C_1 + C_2} \quad \Rightarrow \quad \kappa = \frac{C_1^2}{C_1 C_2 - C_1^2}. \tag{7.72}$$

Sustituimos los valores numéricos:

$$\kappa = \frac{129^2}{129 \cdot 192 - 129^2} \quad \Rightarrow \quad \boxed{\kappa = 2{,}05.} \tag{7.73}$$

Problema 7.15

Tenemos tres condensadores iguales sin dieléctrico conectados en serie. Añadimos tres dieléctricos a cada uno de constantes κ_1, κ_2 y κ_3, de manera que llenan todo el espacio entre armaduras. Comprobamos que ahora es capaz de almacenar un 325,8 % de la energía que almacena sin dieléctrico para la misma diferencia de potencial. Sabiendo que $\kappa_1 = 3{,}97$ y $\kappa_2 = 3{,}29$ calcule el valor de la constante dieléctrica κ_3.

Solución:

Como el aumento de energía almacenada es a potencial constante y la energía, U, en un condensador viene dada por:

$$U = \frac{1}{2}CV^2, \tag{7.74}$$

nos están diciendo que ese aumento se corresponde con un aumento en la capacidad del condensador equivalente. Si llamamos C_0 al condensador equivalente sin dielectrico y C al condensador con dieléctrico, tenemos la relación:

$$C = \frac{325{,}8}{100} C_0. \tag{7.75}$$

La capacidad equivalente de los tres condensadores, C_1, sin dieléctrico es:

$$\frac{1}{C_0} = \frac{1}{C_1} + \frac{1}{C_1} + \frac{1}{C_1} \quad \Rightarrow \quad C_0 = \frac{C_1}{3}. \tag{7.76}$$

Cuando añadimos los dieléctricos a cada condensador la nueva capacidad es:

$$\begin{aligned}
\frac{1}{C} &= \frac{1}{\kappa_1 C_1} + \frac{1}{\kappa_2 C_1} + \frac{1}{\kappa_3 C_1} = \frac{\kappa_2 C_1 \kappa_3 C_1 + \kappa_1 C_1 \kappa_3 C_1 + \kappa_1 C_1 \kappa_2 C_1}{\kappa_1 C_1 \kappa_2 C_1 \kappa_3 C_1} \\
&= \frac{\kappa_2 \kappa_3 + \kappa_1 \kappa_3 + \kappa_1 \kappa_2}{\kappa_1 \kappa_2 \kappa_3} \frac{C_1^2}{C_1^3} = \frac{\kappa_2 \kappa_3 + \kappa_1 \kappa_3 + \kappa_1 \kappa_2}{\kappa_1 \kappa_2 \kappa_3} \frac{1}{C_1}.
\end{aligned} \tag{7.77}$$

Tomando el inverso y usando que $C_0 = C_1/3$ tenemos:

$$C = 3\frac{\kappa_1\kappa_2\kappa_3}{\kappa_2\kappa_3 + \kappa_1\kappa_3 + \kappa_1\kappa_2}C_0 \quad \Rightarrow \quad \frac{325{,}8}{100}\cancel{C_0} = 3\frac{\kappa_1\kappa_2\kappa_3}{\kappa_2\kappa_3 + \kappa_1\kappa_3 + \kappa_1\kappa_2}\cancel{C_0}. \quad (7.78)$$

Y de ahí es fácil despejar κ_3. Sustituyendo valores numéricos obtenemos que:

$$\boxed{\kappa_3 = 2{,}74.} \quad (7.79)$$

Problema 7.16

Obtenga la densidad de carga ligada que aparece en un dieléctrico de constante κ situado en el interior de un condensador plano cargado con una densidad de carga σ. Calcule también el valor del campo eléctrico inducido.

Solución:

La densidad de carga σ en las armaduras produciría un campo eléctrico, E_0, en el interior del condensador en ausencia de dieléctrico dado por

$$E_0 = \frac{\sigma}{\epsilon_0}. \quad (7.80)$$

El campo eléctrico, E, que hay en dieléctrico es

$$E = \frac{E_0}{\kappa} = \frac{\sigma}{\kappa\epsilon_0}. \quad (7.81)$$

La polarización del dieléctrico es, entonces,

$$P = \epsilon_0\chi_e E = \cancel{\epsilon_0}\chi_e \frac{\sigma}{\kappa\cancel{\epsilon_0}} \quad \Rightarrow \quad P = (\kappa - 1)\frac{\sigma}{\kappa}, \quad (7.82)$$

donde, en el último paso, hemos usado la relación $\kappa = 1 + \chi_e$. Como la densidad volumétrica de carga ligada, ρ_b, está relacionada con la polarización por medio de la expresión

$$\rho_b = -\vec{\nabla} \cdot \vec{P} = -\left(\frac{\partial P_x}{\partial x} + \frac{\partial P_y}{\partial y} + \frac{\partial P_z}{\partial z}\right), \quad (7.83)$$

tenemos que, por ser P uniforme, la densidad ρ_b es cero. En las caras del dieléctrico, en cambio, sí vamos a tener una densidad superficial de carga ligada, σ_b, que viene dada por

$$\sigma_b = \vec{P} \cdot \hat{n}. \quad (7.84)$$

El vector $\hat{n}$ es unitario, normal a las caras del dieléctrico y con sentido hacia fuera del dieléctrico. En un condensador plano, el campo eléctrico, y por lo tanto también la polarización, son normales a las caras del dieléctrico pegadas a las armaduras del condensador. Tenemos, por tanto, que $\sigma_b = P$, siendo positiva en una cara y negativa en la otra.

$$\boxed{\sigma_b = \frac{\kappa - 1}{\kappa}\sigma.} \qquad (7.85)$$

Para el cálculo del campo eléctrico inducido, E_{ind}, —que es el que crea la carga ligada— podemos proceder de dos formas. En primer lugar vamos a calcular el campo que crearían dos planos cargados con una densidad de carga σ_b, pero de distinto signo en cada plano,

$$E_{\text{ind}} = \frac{\sigma_b}{\epsilon_0} \quad \Rightarrow \quad \boxed{E_{\text{ind}} = \frac{\kappa - 1}{\kappa}\frac{\sigma}{\epsilon_0}.} \qquad (7.86)$$

La otra forma es considerar que el campo total, E, es la suma del campo eléctrico que crea la carga libre, E_0, más el campo eléctrico que crea la carga ligada, E_{ind},

$$E = E_0 + E_{\text{ind}} \quad \Rightarrow \quad E_{\text{ind}} = E - E_0 = \frac{E_0}{\kappa} - E_0 = \left(\frac{1}{\kappa} - 1\right)\underbrace{\frac{\sigma}{\epsilon_0}}_{E_0} \Rightarrow$$

$$\Rightarrow \quad E_{\text{ind}} = -\frac{\kappa - 1}{\kappa}\frac{\sigma}{\epsilon_0}, \qquad (7.87)$$

donde aquí el signo menos nos dice que el sentido de E_{ind} es contrario al sentido de E_0.

Problema 7.17

Colocamos en serie dos condensadores sin dieléctrico, $C_1 = 15$ pF y $C_2 = 30$ pF, y los conectamos a una diferencia de potencial de 12 V. Al condensador C_1 le introducimos un dieléctrico de constante $\kappa = 2,5$. Calcule la diferencia de potencial y la carga en ambos condensadores antes y después de la introducción del dieléctrico. ¿Hay ganancia o pérdida energética en este proceso?

Solución:

Antes de introducir el dieléctrico, la capacidad total, C_T, de la asociación es:

$$C_{Ti} = \frac{C_1 C_2}{C_1 + C_2} = \frac{15 \cdot 30}{15 + 30}10^{-12} = 10 \text{ pF}. \qquad (7.88)$$

Al conectarlo a 12 V, la carga, q_i, que entra a la asociación es

$$q_i = C_{Ti}V = 10 \cdot 10^{-12} \cdot 12 \quad \Rightarrow \quad \boxed{q_i = 120 \cdot 10^{-12} \text{ C} = 120 \text{ pC,}} \qquad (7.89)$$

que, por estar en serie, es la misma que hay en cada uno de los condensadores. La diferencia de potencial en el primer condensador, V_{1i}, es

$$V_{1i} = \frac{q_i}{C_1} = \frac{120 \cdot 10^{-12}}{15 \cdot 10^{-12}} \quad \Rightarrow \quad \boxed{V_{1i} = 8 \text{ V.}} \qquad (7.90)$$

La diferencia de potencial en el segundo condensador es

$$V_{2i} = \frac{q_i}{C_2} = \frac{120 \cdot 10^{-12}}{30 \cdot 10^{-12}} \quad \Rightarrow \quad \boxed{V_{2i} = 4 \text{ V.}} \qquad (7.91)$$

También la podíamos haber calculado como $V_{2i} = 12 - V_{1i}$, ya que la suma de las diferencias de potencial en cada condensador es igual a la diferencia de potencial total.

Al introducir el dieléctrico, la capacidad de C_1 vale ahora

$$C_{1f} = \kappa C_1 = 2,5 \cdot 15 \cdot 10^{-12} \quad \Rightarrow \quad C_{1f} = 37,5 \text{ pF.} \qquad (7.92)$$

La capacidad total ahora es

$$C_{Tf} = \frac{C_{1f}C_2}{C_{1f} + C_2} = \frac{37,5 \cdot 30}{37,5 + 30} 10^{-12} = 16,67 \text{ pF.} \qquad (7.93)$$

Repitiendo los pasos anteriores obtenemos

$$q_f = C_{Tf}V = 16,67 \cdot 10^{-12} \cdot 12 \quad \Rightarrow \quad \boxed{q_f = 200 \cdot 10^{-12} \text{ C} = 200 \text{ pC,}} \qquad (7.94)$$

que, al igual que antes, es la misma carga en los dos condensadores. Las diferencias de potencial son

$$V_{1f} = \frac{q_f}{C_{1f}} = \frac{200 \cdot 10^{-12}}{37,5 \cdot 10^{-12}} \quad \Rightarrow \quad \boxed{V_{1f} = 5,3 \text{ V}} \qquad (7.95)$$

y

$$V_{2f} = \frac{q_f}{C_2} = \frac{200 \cdot 10^{-12}}{30 \cdot 10^{-12}} \quad \Rightarrow \quad \boxed{V_{2f} = 6,7 \text{ V,}} \qquad (7.96)$$

que también podíamos haber calculado como $V_{2f} = 12 - V_{1f}$.

La energía acumulada la podemos calcular como

$$U_i = \frac{1}{2}C_{Ti}V^2 = \frac{1}{2}10 \cdot 10^{-12}(12)^2 \quad \Rightarrow \quad \boxed{U_i = 720 \text{ pJ}} \qquad (7.97)$$

y

$$U_f = \frac{1}{2}C_{Tf}V^2 = \frac{1}{2}16{,}7 \cdot 10^{-12}(12)^2 \quad \Rightarrow \quad \boxed{U_f = 1202{,}4 \text{ pJ} = 1{,}2 \text{ nJ}.} \quad (7.98)$$

Vemos que aumenta la energía acumulada, que suministra la fuente a la que están conectados los condensadores.

Problema 7.18

Rodeamos un hilo rectilíneo muy largo, que tiene una densidad homogénea de carga λ, con un material HIL de constante dieléctrica κ. ¿Cuánto vale el campo y el desplazamiento eléctrico que crea este hilo a una distancia r del mismo?

Solución:

Si ese hilo cargado se encuentra en el vacío, el campo eléctrico, E_0, que crea en un punto situado a una distancia r viene dado por

$$E_0 = \frac{\lambda}{2\pi\epsilon_0 r}, \quad (7.99)$$

donde usamos la aproximación de hilo infinito. Al rodearlo de un dieléctrico HIL, el campo eléctrico, E, ahora pasa a valer

$$E = \frac{E_0}{\kappa}. \quad (7.100)$$

κ es la constante dieléctrica o permitividad eléctrica relativa, $\kappa = \epsilon_r = \epsilon/\epsilon_0$, donde ϵ es la permitividad del dieléctrico.

$$E = \frac{\frac{\lambda}{2\pi\cancel{\epsilon_0} r}}{\frac{\epsilon}{\cancel{\epsilon_0}}} \quad \Rightarrow \quad \boxed{E = \frac{\lambda}{2\pi\epsilon r}.} \quad (7.101)$$

Para el cálculo del desplazamiento eléctrico usamos la relación

$$D = \epsilon E \quad \Rightarrow \quad \boxed{D = \frac{\lambda}{2\pi r}.} \quad (7.102)$$

185

Problema 7.19

Tenemos cuatro condensadores en un circuito como el que podemos ver en la figura. Las capacidades que tienen estos condensadores, todos tienen un dieléctrico que llena todo el espacio entre sus armaduras, son: $C_1 = 500$ nF, $C_2 = 6\,\mu$F, $C_3 = 2\,\mu$F y $C_4 = 850$ nF.

Las tensiones de ruptura —la diferencia de potencial a partir de la cual el campo eléctrico es mayor que la rigidez dieléctrica del material— son: $V_{1r} = 80$ V, $V_{2r} = 150$ V, $V_{3r} = 200$ V y $V_{4r} = 120$ V. Calcule la capacidad equivalente de esta asociación y cuál es el valor de diferencia de potencial máxima que podemos aplicar entre los puntos a y b.

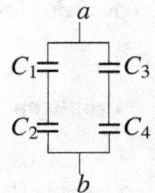

Solución:

Para calcular la capacidad equivalente de esa asociación vamos, en primer lugar, a calcular las capacidad equivalente de C_1 y C_2, que están en serie, le llamamos $C_{1,2}$, y después la capacidad equivalente de C_3 y C_4, que también están en serie y que llamaremos $C_{3,4}$.

$$C_{1,2} = \frac{C_1 C_2}{C_1 + C_2} = \frac{0,5 \cdot 6}{0,5 + 6} \cdot 10^{-6} \Rightarrow C_{1,2} = 0,4615 \cdot 10^6 \text{ F} = 461,5 \text{ nF}. \tag{7.103}$$

$$C_{3,4} = \frac{C_3 C_4}{C_3 + C_4} = \frac{2 \cdot 0,85}{2 + 0,85} \cdot 10^{-6} \Rightarrow C_{3,4} = 0,5964 \cdot 10^6 \text{ F} = 596,4 \text{ nF}. \tag{7.104}$$

La capacidad equivalente total, C_T, es la suma de $C_{1,2}$ y $C_{3,4}$, ya que están en paralelo

$$C_T = C_{1,2} + C_{3,4} \Rightarrow C_T = 1,058\,\mu\text{F}. \tag{7.105}$$

Para obtener cuál es la diferencia de potencial máxima que podemos colocar entre los puntos a y b, V_{ab}, tenemos que ver qué relación hay entre la diferencia de potencial en cada condensador con V_{ab}. Vamos a empezar viendo la relación entre el potencial en C_1, que denominaremos V_1, y V_{ab}.

$$V_{ab} = V_1 + V_2 = V_1 + \frac{q}{C_2} = V_1 + \frac{C_1}{C_2}V_1 \Rightarrow V_{ab} = V_1\left(1 + \frac{C_1}{C_2}\right). \tag{7.106}$$

Hemos llamado V_2 al potencial en C_2 y hecho uso de que la carga que hay en ambos condensadores es la misma por estar en serie. Cuando $V_1 = V_{1r}$ ese condensador se destruye y podemos calcular qué tensión tendríamos entre a y b

cuando eso ocurre,

$$V_{ab} = V_{1r}\left(1 + \frac{C_1}{C_2}\right) = 80\left(1 + \frac{0,5}{6}\right) \Rightarrow \underline{V_{ab} = 86,67 \text{ V}}. \quad (7.107)$$

Esto es, cuando $V_{ab} = 86,67$ V, el condensador C_1 se destruye.

Vamos a repetir lo anterior con C_2,

$$V_{ab} = V_1 + V_2 = \frac{q}{C_1} + V_2 = \frac{C_2}{C_1}V_2 + V_2 \Rightarrow V_{ab} = V_2\left(1 + \frac{C_2}{C_1}\right). \quad (7.108)$$

Para destruir C_2, V_{ab} tiene que ser:

$$V_{ab} = V_{2r}\left(1 + \frac{C_2}{C_1}\right) = 150\left(1 + \frac{6}{0,5}\right) \Rightarrow \underline{V_{ab} = 1950 \text{ V}}. \quad (7.109)$$

Para los otros dos seguimos el mismo procedimiento

$$V_{ab} = V_3 + V_4 = V_3 + \frac{q}{C_4} = V_3 + \frac{C_3}{C_4}V_3 \Rightarrow V_{ab} = V_3\left(1 + \frac{C_3}{C_4}\right). \quad (7.110)$$

$$V_{ab} = V_{3r}\left(1 + \frac{C_3}{C_4}\right) = 200\left(1 + \frac{2}{0,850}\right) \Rightarrow \underline{V_{ab} = 670,6 \text{ V}}. \quad (7.111)$$

Y, por último,

$$V_{ab} = V_3 + V_4 = \frac{q}{C_3} + V_4 = \frac{C_4}{C_3}V_4 + V_4 \Rightarrow V_{ab} = V_4\left(1 + \frac{C_4}{C_3}\right). \quad (7.112)$$

$$V_{ab} = V_{4r}\left(1 + \frac{C_4}{C_3}\right) = 120\left(1 + \frac{0,850}{2}\right) \Rightarrow \underline{V_{ab} = 171 \text{ V}}. \quad (7.113)$$

La diferencia de potencial mínima de esas cuatro es la máxima que podemos colocar sin destruir el dispositivo. En este caso, el valor máximo para V_{ab} es de 86,67 V; a partir de ese valor ya se destruye el condensador C_1.

Problema 7.20

Un condensador plano con un dieléctrico de tipo HIL tiene una capacidad C. Cuando se conecta en serie con un condensador de las mismas dimensiones que no contiene dieléctrico, la capacidad del conjunto es 3,2 veces menor que la del condensador con dieléctrico. ¿Cuál es la constante dieléctrica del material? ¿Cuál es la permitividad eléctrica del material? Si el campo eléctrico en ese dieléctrico es igual a 3900 V/m, ¿cuánto vale la polarización? Exprese el resultado final en unidades del SI.

Solución:

La capacidad del condensador sin dieléctrico es

$$C_0 = C/\kappa, \tag{7.114}$$

donde κ es la constante dieléctrica del material.

La asociación tiene la capacidad equivalente

$$C_{\text{equiv}} = \frac{CC_0}{C + C_0}, \tag{7.115}$$

que, expresada en términos de C exclusivamente, corresponde a

$$C_{\text{equiv}} = C \frac{1}{\kappa + 1}. \tag{7.116}$$

Teniendo en cuenta que $C_{\text{equiv}} = C/3{,}2$, tenemos

$$3{,}2 = \kappa + 1, \tag{7.117}$$

y, por lo tanto, la constante dieléctrica vale: $\boxed{\kappa = 2{,}2.}$ Como $\kappa = \epsilon/\epsilon_0$,

$$\epsilon = 2{,}2 \cdot \epsilon_0 = \frac{2{,}2}{4\pi} \frac{1}{9 \times 10^9} \frac{\text{C}^2}{\text{Nm}^2} \quad \Rightarrow \quad \boxed{\epsilon = 19{,}5 \cdot 10^{-12} \frac{\text{C}^2}{\text{Nm}^2}.} \tag{7.118}$$

Para calcular la polarización usamos:

$$P = \chi_e \epsilon_0 E, \tag{7.119}$$

donde $\chi_e = \kappa - 1 = 1{,}2$ es la susceptibilidad eléctrica del material. Por lo tanto:

$$P = \frac{1{,}2}{4\pi \cdot 9 \cdot 10^9} 3900 \quad \Rightarrow \quad \boxed{P = 82{,}8 \cdot 10^{-9} \frac{\text{C}}{\text{m}^2} = 82{,}8 \frac{\text{nC}}{\text{m}^2}.} \tag{7.120}$$

Tema 8

Campo magnético

Problema 8.1

En un dispositivo como el de la figura tenemos un campo magnético uniforme B. Si por el orificio D entran electrones a la región donde hay campo B con velocidades únicamente con componente vertical, ¿por cuál de los otros orificios podrían salir del dispositivo? ¿Cuánto tiene que valer el campo magnético para que los electrones que escapen por A o por C sean aquellos que tengan una velocidad de 100 m/s?

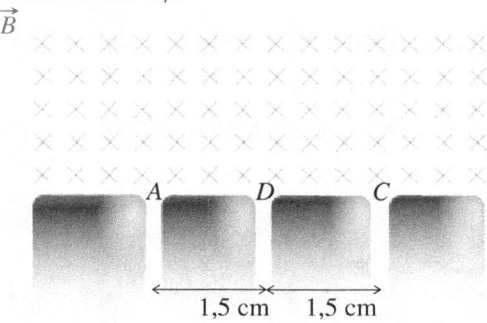

Solución:

Los electrones entran a la cavidad de vacío con una velocidad vertical y sufren una fuerza magnética, $\vec{F}_m$, dada por:

$$\vec{F}_m = e\vec{v} \times \vec{B}. \tag{8.1}$$

Siendo $\vec{v}$ la velocidad con la que entran a la cavidad. El producto $\vec{v} \times \vec{B}$, para el sentido del campo magnético de la figura, devuelve un vector cuya dirección es una recta horizontal, y cuyo sentido es hacia la izquierda. Para obtener la fuerza magnética tenemos que multiplicar por la carga e de los electrones, que al ser negativa invierte el sentido y los electrones van a describir semicicunferencias hacia la derecha, por lo que podrán escapar del dispositivo por el orificio C.

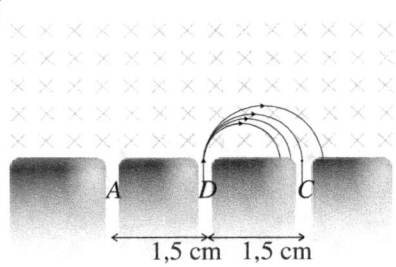

Para que puedan escapar, el radio de las semicircunferencias tiene que ser igual a la mitad de la distancia entre los orificios D y C. Sabemos que una carga moviéndose perpendicular a un campo magnético uniforme describe una trayectoria circular de radio

$$r = \frac{mv}{qB}, \quad (8.2)$$

que, en nuestro caso quedaría como

$$r = \frac{m_e v}{eB} \quad \Rightarrow \quad B = \frac{m_e v}{er}. \quad (8.3)$$

$m_e = 9{,}109 \cdot 10^{-31}$ kg es la masa del electrón y donde hemos despejado el campo magnético, que es lo que nos piden. Sustituyendo en (8.3) obtenemos

$$B = \frac{9{,}109 \cdot 10^{-31} \cdot 100}{1{,}602 \cdot 10^{-19} \cdot \frac{0{,}015}{2}} \quad \Rightarrow \quad \boxed{B = 75{,}8 \text{ nT.}} \quad (8.4)$$

Problema 8.2

Por el interior de un condensador plano, con una distancia entre armaduras de 10 cm y cargado a 15 V, hay un campo magnético B que hace que un electrón se desplace con una velocidad rectilínea de 3000 km/h paralelo a las armaduras del condensador. Calcule el valor de ese campo magnético.

Solución:

Si el electrón se desplaza con velocidad rectilínea y constante es porque la fuerza neta que actúa sobre él es cero. Esto es, la fuerza magnética y la eléctrica se cancelan.

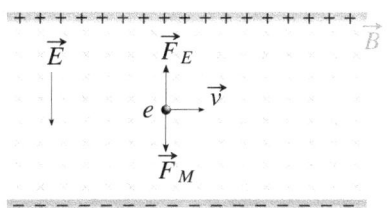

En la figura hemos dibujado el condensador cargado positivamente en su armadura superior y hemos dibujado la fuerza eléctrica, $\vec{F}_E = e\vec{E}$, que produce sobre el electrón. El campo magnético tiene que ser, por tanto, paralelo a las armaduras y con el sentido dibujado en la figura para que la fuerza magnética, $\vec{F}_M$, tenga la misma dirección, pero sentido contrario, que $\vec{F}_E$. La fuerza magnética viene dada por

$$\vec{F}_M = e\vec{v} \times \vec{B} \quad \Rightarrow \quad F_M = evB\,\text{sen}\,\theta = evB, \tag{8.5}$$

ya que el ángulo que forma $\vec{v}$ con $\vec{B}$ es de 90°, por lo que sen $\theta = 1$. Igualando los módulos de ambas fuerzas podemos despejar el valor de B,

$$\cancel{e}E = \cancel{e}vB \quad \Rightarrow \quad B = \frac{E}{v} = \frac{V}{dv} = \frac{15}{0{,}1 \cdot 833{,}3} \quad \Rightarrow \quad \boxed{B = 180 \text{ mT.}} \tag{8.6}$$

Donde hemos usado la relación entre campo eléctrico en el condensador con su diferencia de potencial y distancia entre armaduras, $E = V/d$, y hemos pasado la velocidad a metros por segundo dividiendo por 3,6.

Problema 8.3

Una partícula cargada de masa $m = 187\ \mu\text{g}$ y carga de $q = 38{,}6\ \mu\text{C}$ se mueve perpendicular a un campo magnético constante $B = 207$ mT. Además, la carga en su movimiento sufre una fuerza constante de fricción que se opone a su movimiento de valor $F_f = 67$ mN. Si en el instante inicial su velocidad es de $v_0 = 13{,}4$ m/s, calcule el radio inicial de la trayectoria y el tiempo que tiene que pasar para que el radio se reduzca a $87{,}3 \cdot 10^{-3}$ m. Haga un dibujo indicando el sentido de movimiento de la carga en relación al campo magnético.

Solución:

Al moverse la carga perpendicular a un campo magnético constante, la partícula describirá un movimiento circular de radio, r, dado por:

$$r = \frac{mv}{qB}. \tag{8.7}$$

El radio inicial sería:

$$r_0 = \frac{mv_0}{qB} = \frac{187 \cdot 10^{-9} \cdot 13{,}4}{38{,}6 \cdot 10^{-6} \cdot 207 \cdot 10^{-3}} \quad \Rightarrow \quad \boxed{r_0 = 313{,}6 \cdot 10^{-3} \text{ m.}} \tag{8.8}$$

Como hay una fuerza de fricción constante, la partícula irá perdiendo velocidad y el radio se irá haciendo más pequeño, por lo que la trayectoria se parecerá a una espiral. La fuerza constante produce una deceleración, a, que obtenemos por:

$$a = \frac{F_f}{m} = \frac{67 \cdot 10^{-3}}{187 \cdot 10^{-9}} = 358{,}3 \cdot 10^3 \text{ m/s}^2. \qquad (8.9)$$

Y eso hace que la velocidad cambie con el tiempo según la expresión:

$$v(t) = v_0 - at \quad \Rightarrow \quad t = \frac{v_0 - v}{a}. \qquad (8.10)$$

Para calcular el tiempo que nos piden vamos a ver qué velocidad lleva la partícula cuando el radio es igual a 87,3 mm:

$$v = \frac{rqB}{m} = \frac{87{,}3 \cdot 10^{-3} \cdot 38{,}6 \cdot 10^{-6} \cdot 207 \cdot 10^{-3}}{.} 187 \cdot 10^{-9} = 3{,}73 \text{ m/s} \qquad (8.11)$$

El tiempo lo calculamos con la expresión (8.10):

$$t = \frac{13{,}4 - 3{,}73}{358{,}3 \cdot 10^3} \quad \Rightarrow \quad \boxed{t = 27{,}0 \cdot 10^{-6} \text{ s.}} \qquad (8.12)$$

Si dibujamos el campo perpendicular al papel y hacia dentro, como la carga es positiva, el sentido del movimiento es contrario al de las agujas del reloj.

Problema 8.4

Una lámina de cobre ($n=8{,}5 \cdot 10^{28}$ electrones/m^3 y $e=1{,}6 \cdot 10^{-19}$ C) tiene un espesor de 3 μm. Por ella circula una corriente de 600 mA. Al colocar esa lámina perpendicular a un campo magnético uniforme aparece una diferencia de potencial entre los lados de la lámina de 5 μV. ¿Cuánto vale el campo magnético aplicado?

Solución:

La diferencia de potencial que aparece en los bordes de la lámina es debido al efecto Hall. Las cargas sufren una fuerza magnética, F_m, perpendicular a su sentido de movimiento

$$F_m = evB, \qquad (8.13)$$

donde v es la velocidad con la que se mueve la carga. Esta fuerza magnética hace que se acumule carga de distinto signo en los extremos de la lámina, lo que produce un campo eléctrico perpendicular al movimiento de carga, que sufre una fuerza eléctrica, F_e, que se opone a la fuerza magnética

$$F_e = eE. \tag{8.14}$$

La diferencia de potencial en los extremos de la lámina es $V = Ed$, donde d es el ancho de la lámina. Se alcanza un equilibrio cuando ambas fuerzas son iguales

$$F_e = F_m \quad \Rightarrow \quad \cancel{e}E = \cancel{e}vB \quad \Rightarrow \quad B = \frac{E}{v}. \tag{8.15}$$

La densidad de corriente, J, que circula por la lámina, en función de la intensidad de corriente, es

$$J = \frac{I}{S} = \frac{I}{ad}, \tag{8.16}$$

siendo S el área de la sección del conductor y a el espesor de la lámina. Como la densidad de corriente la podemos expresar en función de la velocidad de la carga por medio de

$$J = nev \quad \Rightarrow \quad v = \frac{J}{ne} \quad \Rightarrow \quad v = \frac{I}{nead}. \tag{8.17}$$

Sustituyendo E y v en (8.15), obtenemos

$$B = \frac{\frac{V}{\cancel{d}}}{\frac{I}{ne a\cancel{d}}} \quad \Rightarrow \quad B = \frac{Vnea}{I}. \tag{8.18}$$

Solo tenemos que sustituir numéricamente para obtener el valor del campo magnético aplicado

$$B = \frac{5 \cdot 10^{-6} \cdot 8,5 \cdot 10^{28} \cdot 1,6 \cdot 10^{-19} \cdot 3 \cdot 10^{-6}}{0,6}, \tag{8.19}$$

que, tras hacer operaciones, nos da el siguiente valor de campo B aplicado

$$\boxed{B = 340 \text{ mT.}} \tag{8.20}$$

Problema 8.5

Calcule la fuerza magnética de las corrientes de la figura si el campo magnético B es uniforme. Datos: $I = 100$ mA, $R = 30$ cm y $B = 800$ mT en ambos casos.

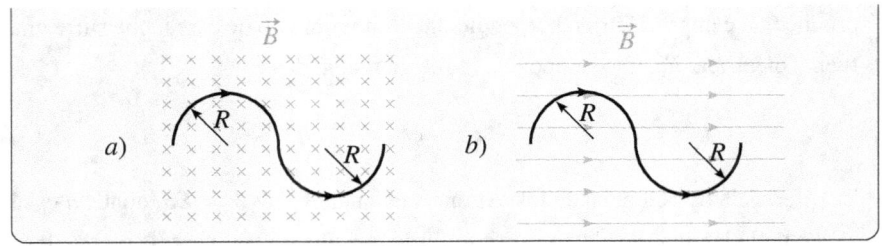

Solución:

Por ser el campo magnético uniforme, podemos calcular la fuerza magnética, $\vec{F}$, sobre ambos tramos de corriente por medio de la expresión

$$\vec{F} = I\vec{L} \times \vec{B}, \qquad (8.21)$$

donde el vector $\vec{L}$ es un vector que va del principio al final de los tramos de corriente y que podemos ver en la figura.

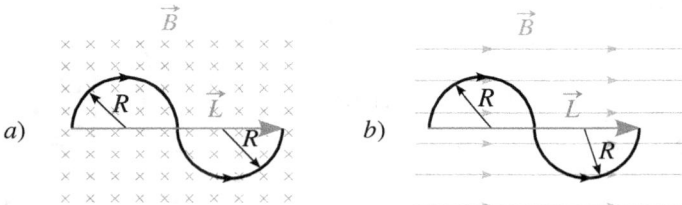

En ambos casos, el módulo de $\vec{L}$ es igual a $4R = 4 \cdot 0,3 = 1,2$ m. El ángulo que forma el campo magnético con el vactor $\vec{L}$ en el caso a es de 90°, por lo que

$$F = ILB \underbrace{\operatorname{sen} 90°}_{=1} \Rightarrow F = 100 \cdot 10^{-3} \cdot 1,2 \cdot 800 \cdot 10^{-3} \Rightarrow \boxed{F = 96 \text{ mN.}}$$

(8.22)

Fuerza que sería vertical y hacia arriba.

En el caso b, el ángulo que forma el campo magnético con el vector $\vec{L}$ es de cero grados, por lo que la fuerza neta sobre ese tramo de corriente es cero.

Problema 8.6

Un cable infinitamente largo lleva una corriente constante $I = 10$ A en la dirección positiva del eje z. Encuentra el campo magnético $\vec{B}$ a una distancia $r = 0,05$ m del cable.

Solución:

El campo magnético alrededor de un conductor rectilíneo infinitamente largo que lleva una corriente I es circular y su magnitud depende de la distancia r del conductor. La dirección del campo magnético se determina por la regla de la mano derecha. Para un cable que lleva corriente en la dirección de $\vec{k}$, ponemos el pulgar de la mano derecha paralelo al vector $\vec{k}$ y el resto de dedos de la mano nos indican como es el sentido de la circulación de $\vec{B}$.

La magnitud del campo magnético $\vec{B}$ a una distancia r del cable viene dada por la expresión.

$$|\vec{B}| = \frac{\mu_0 I}{2\pi r} \tag{8.23}$$

Donde: $\mu_0 = 4\pi \cdot 10^{-7}$ H/m es la permeabilidad magnética del vacío, $I=10$ A es la corriente a través del cable, $r = 0{,}05$ m es la distancia al punto donde se calcula el campo.

Sustituyendo los valores dados en la ecuación, obtenemos la magnitud del campo magnético:

$$|\vec{B}| = \frac{4\pi \cdot 10^{-7}\,\text{Tm/A} \cdot 10\,\text{A}}{2\pi \cdot 0{,}05\,\text{m}} \tag{8.24}$$

La magnitud del campo magnético $\vec{B}$ a una distancia de 0,05 m del cable es

$$\boxed{B = 40 \cdot 10^{-6}\,\text{T} = 40\,\mu\text{T}.} \tag{8.25}$$

Problema 8.7

Considera dos alambres paralelos infinitamente largos, separados por una distancia $d = 0{,}2$ m. El primer alambre lleva una corriente $I_1 = 3$ A en la dirección positiva del eje z, y el segundo alambre lleva una corriente $I_2 = 5$ A en la misma dirección. Calcula el campo magnético total B_{total} en un punto P que está en un punto intermedio de los hilos.

Solución:

El campo magnético generado por cada alambre puede ser calculado usando la ley de Biot-Savart para un conductor infinitamente largo:

$$|\vec{B}_i| = \frac{\mu_0 I_i}{2\pi r_i} \qquad (8.26)$$

donde I_i es la corriente en el alambre i, y r_i es la distancia desde el alambre i al punto donde se calcula el campo.

Para el primer alambre con corriente $I_1 = 3$ A y distancia $r_1 = 0,1$ m:

$$|\vec{B}_1| = \frac{\mu_0 \cdot 3\,\text{A}}{2\pi \cdot 0,1\,\text{m}} = 6 \cdot 10^{-6}\,\text{T} = 6\,\mu\text{T}. \qquad (8.27)$$

Para el segundo alambre con corriente $I_2 = 5$ A y distancia $r_2 = 0,1$ m:

$$|\vec{B}_2| = \frac{\mu_0 \cdot 5\,\text{A}}{2\pi \cdot 0,1\,\text{m}} = 1 \cdot 10^{-5}\,\text{T} = 10\,\mu\text{T}. \qquad (8.28)$$

El campo magnético total en el punto P será la suma vectorial de los campos generados por cada alambre, $\vec{B}_{\text{total}} = \vec{B}_1 + \vec{B}_2$. Dado que las corrientes fluyen en la misma dirección y el punto P se encuentra en el medio, los campos magnéticos tienen la misma dirección, pero sentido contrario. Vamos a tomar el sentido de B_1 como positivo, por lo que a B_1 le restamos B_2:

$$|\vec{B}_{\text{total}}| = |\vec{B}_1| - |\vec{B}_2| = 6 \cdot 10^{-6} - 10 \cdot 10^{-6} \quad \Rightarrow \quad \boxed{B_{\text{total}} = -4\,\mu\text{T}} \qquad (8.29)$$

El signo negativo nos indica que el campo total tiene el mismo sentido que $\vec{B}_2$.

Problema 8.8

Un cable coaxial rectilíneo y muy largo transporta una corriente $I = 427$ mA en su conductor interior. El conductor cilíndrico que rodea el conductor interior transporta la misma corriente I, pero en sentido contrario. En el espacio entre conductores hay vacío. Diga cuánto vale el campo magnético en esa región entre conductores en función de la distancia al eje del cable coaxial. ¿Qué campo magnético hay en el exterior? Si la sección del conductor exterior es cinco veces mayor que la del conductor interior y están hechos del mismo material, ¿cuál de los dos conductores disipa mayor energía por unidad de tiempo y en qué proporción con respecto al otro conductor?

Solución:

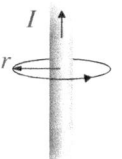

Si en lugar de un cable coaxial, tenemos un único conductor muy largo que transporta una corriente, como en la figura, podemos usar la ley de Ampére para calcular el campo magnético en su exterior. Para ello escogemos una trayectoria circular, que esté en un plano perpendicular al eje del conductor, cuyo centro esté en el eje. La ley de Ampére nos dice que la circulación a lo largo de esa trayectoria es igual a μ_0 por la intensidad neta que atraviesa la superficie encerrada por la trayectoria de integración. En nuestro caso I, que además es positiva por tener el sentido de la trayectoria el mismo sentido del campo que crearía esa corriente. Esto es:

$$\oint \vec{B} \cdot d\vec{r} = \mu_0 I. \qquad (8.30)$$

Es fácil comprobar que si calculamos la circulación realizando la integral sale, por coincidir la trayectoria con una línea del campo,

$$\oint \vec{B} \cdot d\vec{r} = \oint B\, dr, \qquad (8.31)$$

ya que $\vec{B}$ y $d\vec{r}$ son paralelos en toda la trayectoria. Como todos los puntos de la trayectoria están a la misma distancia del eje, el módulo del campo no cambia de punto a punto de ella, es constante, luego:

$$\oint B\, dr = B \oint dr = B 2\pi r, \qquad (8.32)$$

donde r es el radio de la trayectoria de integración. Esto es, la circulación integrando es igual a $2\pi B r$, siendo B el campo magnético en puntos situados a una distancia r del eje. Igualando con la circulación según la ley de Ampére:

$$2\pi B r = \mu_0 I \quad \Rightarrow \quad B = \frac{\mu_0 I}{2\pi r}. \qquad (8.33)$$

Si ahora colocamos una corteza cilíndrica alrededor del conductor (esto es, tenemos un cable coaxial) y hacemos que circule una corriente por ella, nada cambia para el razonamiento anterior, por lo que, entre el conductor y la corteza cilíndrica, el campo magnético sigue siendo:

$$B = \frac{\mu_0 I}{2\pi r}. \tag{8.34}$$

Para el exterior del cable coaxial tendríamos ahora que, si repetimos el procedimiento anterior escogiendo una trayectoria para calcular la circulación cuyo radio, r, sea mayor que el radio del cable coaxial, la circulación según la ley de Ampére es cero, por ser cero la intensidad neta que atraviesa la superficie encerrada por la trayectoria de integración, ya que hay dos corrientes atravesando la superficie de la misma intensidad, pero de sentido contrario.

Problema 8.9

Tenemos una lámina conductora de espesor despreciable en el plano xy. Por esa lámina circula corriente eléctrica que produce un campo magnético que en su superficie viene dado por la expresión $\vec{B}(x, y, z) = B_0 \sqrt{x^2 + y^2}\,\vec{k}$ y donde $B_0 = 152\,\mu$T. Calcule la corriente eléctrica en cada punto de la lámina el valor de su intensidad como una función de la distancia de cada punto de la lámina al origen del sistema de referencia. Describa también cómo cree que es esa corriente.

Solución:

Para calcular la corriente vamos a usar la ley de Ampère en forma diferencial:

$$\vec{\nabla} \times \vec{B} = \mu_0 \vec{J} \Rightarrow \left(\frac{\partial B_z}{\partial y} - \frac{\partial B_y}{\partial z}\right)\vec{i} + \left(\frac{\partial B_x}{\partial z} - \frac{\partial B_z}{\partial x}\right)\vec{j} + \left(\frac{\partial B_y}{\partial x} - \frac{\partial B_x}{\partial y}\right)\vec{k} = \mu_0 \vec{J}, \tag{8.35}$$

donde para desarrollar el rotacional hemos supuesto que el sistema de referencia empleado es dextrogiro ($\vec{i} \times \vec{j} = \vec{k}$). En caso contrario habría que cambiar el signo del desarrollo. Como $\vec{B}$ solo tiene componente z tenemos, a partir de la ecuación (8.35), que:

$$\frac{\partial B_z}{\partial y}\vec{i} - \frac{\partial B_z}{\partial x}\vec{j} = \mu_0 \vec{J}, \tag{8.36}$$

Calculando las derivadas parciales:

$$\frac{\partial B_z}{\partial y} = B_0 \frac{y}{(x^2 + y^2)^{3/2}}, \tag{8.37}$$

y
$$\frac{\partial B_z}{\partial x} = B_0 \frac{x}{(x^2 + y^2)^{3/2}}. \quad (8.38)$$

El módulo del vector de posición de cada punto es $r = (x^2 + y^2)^{1/2}$ y vamos a escribir las coordenadas como $x = r\cos\theta$ y $y = r\sin\theta$, donde θ es el ángulo del vector de posición de cada punto con el eje x, lo que nos permite escribir las derivadas parciales como

$$\frac{\partial B_z}{\partial y} = B_0 \frac{r\sin\theta}{(x^2 + y^2)^{3/2}} = B_0 \frac{\sin\theta}{r}, \quad (8.39)$$

$$\frac{\partial B_z}{\partial x} = B_0 \frac{r\cos\theta}{(x^2 + y^2)^{3/2}} = B_0 \frac{\cos\theta}{r}. \quad (8.40)$$

La densidad de corriente en cada punto la obtenemos usando la ecuacion (8.36) y queda como:

$$\vec{J} = \frac{B_0}{\mu_0 r}(\sin\theta\,\vec{i} - \cos\theta\,\vec{j}) = \frac{121}{r}(\sin\theta\,\vec{i} - \cos\theta\,\vec{j})\text{ A/m}^2, \quad (8.41)$$

donde r es la distancia de cada punto al origen del sistema de referencia y θ es el ángulo que forma el vector de posición de cada punto con el eje x. Vemos que es un vector densidad corriente cuya dirección cambia en cada punto. Por lo tanto, no es una corriente rectilínea. El módulo de la densidad de corriente es

$$J = \sqrt{\frac{121^2}{r^2}\left(\cos^2\theta + \sin^2\theta\right)} = \frac{121}{r}\text{ A/m}^2. \quad (8.42)$$

Para ver cómo es la forma de esa distribución de corrientes vamos a multiplicar escalarmente $\vec{J}$ por $\vec{r}$, el vector de posición de un punto.

$$\vec{J}\cdot\vec{r} = \frac{121}{r}(\sin\theta\,\vec{i} - \cos\theta\,\vec{j})\cdot(x\vec{i} + y\vec{j})$$
$$= 121\left(\frac{x\sin\theta}{r} - \frac{y\cos\theta}{r}\right) = 121(\cos\theta\sin\theta - \sin\theta\cos\theta) = 0. \quad (8.43)$$

Por lo tanto, la dirección de la corriente en cada punto es siempre perpendicular al vector de posición de ese punto, lo que implica que las corrientes son circulares.

Problema 8.10

Una partícula con carga $q = -4\ \mu C$ se mueve en el vacío con una velocidad $v = 1125$ m/s. Escogemos un sistema de referencia tal que la partícula se mueva sobre el eje z y en sentido positivo. Calcule el campo magnético que crea esta carga en puntos del eje x y del eje z en función de sus coordenadas en el instante que la carga pasa por el origen del sistema de referencia. Aparte del módulo diga la dirección y sentido.

Solución:

Una carga en movimiento crea un campo magnético a su alrededor dado por la expresión:

$$\vec{B} = \frac{\mu_0}{4\pi} q \frac{\vec{v} \times \vec{r}}{r^3}. \tag{8.44}$$

Donde $\vec{r}$ es el vector de posición del punto donde calculamos el campo magnético respecto de la carga. Para el propio eje z el producto $\vec{v} \times \vec{r}$ será nulo debido a que $\vec{r}$ tiene la misma dirección que $\vec{v}$. Luego el campo magnético en el eje donde se mueve la carga (eje z) es cero. Para el eje x tenemos:

$$\vec{B} = \frac{\mu_0}{4\pi} q \frac{v\vec{k} \times x\vec{\imath}}{|x|^3}. \tag{8.45}$$

Ya que el vector de cualquier punto del eje x es $\vec{r} = x\vec{\imath}$ y su módulo $r = |x|$, siendo x la coordenada del punto. Sabemos que el producto vectorial de los vectores de la base puede cambiar de signo según que el sistema sea dextrógiro o levógiro. Vamos a escoger un sistema de referencia donde $\vec{k} \times \vec{\imath} = \vec{\jmath}$. El campo queda, para la parte positiva del eje, como:

$$\vec{B} = \frac{\mu_0}{4\pi} q \frac{vx\vec{\jmath}}{|x|^3} = \frac{\mu_0}{4\pi} q \frac{v}{x^2}\vec{\jmath} = \frac{4\pi \cdot 10^{-7}}{4\pi}(-4 \cdot 10^{-6})\frac{1125}{x^2}\vec{\jmath} \Rightarrow$$

$$\Rightarrow \boxed{\vec{B} = \frac{-450{,}0 \cdot 10^{-12}}{x^2}\vec{\jmath}\ T.} \tag{8.46}$$

Para la parte negativa habría que cambiar el signo debido a que al simplificar para $x < 0$:

$$\frac{x}{|x|^3} = -\frac{1}{x^2}. \tag{8.47}$$

El campo tiene como dirección el eje y y apuntará en sentido negativo del eje para valores de positivos de la coordenada y en sentido contrario para valores negativos de x.

Problema 8.11

Por una espira cuadrada de lado $a = 5$ cm circula una corriente eléctrica de 100 mA de intensidad. ¿Cuánto vale el campo magnético que crea esa corriente justo en el centro de la espira?

Solución:

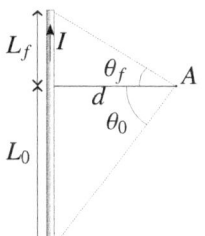

Para hacer este cálculo primero recordemos el campo magnético que crea una corriente rectilínea, como la de la figura. En el punto A, el campo magnético que crea la corriente es perpendicular al plano que contiene a la corriente y al punto A, en este caso el plano del papel. El sentido de este campo es hacia dentro del papel y su módulo, B, vendría dado por

$$B = \frac{\mu_0 I}{4\pi d}\left(\operatorname{sen}\theta_f - \operatorname{sen}\theta_0\right), \qquad (8.48)$$

donde los ángulos θ_0 y θ_f los calculamos como

$$\theta_f = \tan^{-1}\frac{L_0}{d} \quad y \quad \theta_0 = \tan^{-1}\frac{L_f}{d}. \qquad (8.49)$$

En el caso de estar en la mediatriz, $L_f = L$ y $L_0 = -L/2$, siendo L la longitud de la corriente, por lo que $\theta_0 = -\theta_f$. El campo quedaría como

$$B = \frac{\mu_0 I}{4\pi d}\left(\operatorname{sen}\theta_f + \operatorname{sen}\theta_f\right) \;\Rightarrow\; B = \frac{\mu_0 I}{2\pi d}\operatorname{sen}\theta_f, \qquad (8.50)$$

con $\theta_f = \tan^{-1}(L/2d)$. En el caso del punto medio de una espira cuadrada, el campo sería la suma del campo creado por los cuatro lados de la espira, que serían iguales en dirección, sentido y módulo. La ecuación (8.50) multiplicada por 4 nos daría el campo total siendo, en este caso, $d = 2,5$ cm y $L_f = 2,5$, por lo que $\theta_f = \tan^{-1} 1 = 45°$.

$$B = 4\frac{\cancel{4\pi}^{2} \cdot 10^{-7} \cdot 0{,}1}{\cancel{2\pi} \cdot 2{,}5 \cdot 10^{-2}} \operatorname{sen} 45° \;\Rightarrow\; \boxed{B = 2{,}26\ \mu\text{T.}} \qquad (8.51)$$

Problema 8.12

La espira del problema 8.11 la colocamos encima de una superficie horizontal y aplicamos un campo magnético B perpendicular a esa superficie. Si la espira tiene una masa $m = 50$ g y se mantiene en equilibrio cuando la colocamos formando un ángulo de 85° con la horizontal, calcule el valor del campo magnético aplicado.

Solución:

La espira tiene un momento dipolar magnético, m_d, dado por

$$m_d = IS = I\pi a^2 = 0{,}1 \cdot \pi \cdot 0{,}05^2 \quad \Rightarrow \quad m_d = 785{,}4 \ \mu\text{Am}^2. \tag{8.52}$$

El campo aplicado produce un momento de fuerzas, M, sobre la espira dado por

$$\vec{M} = \vec{m}_d \times \vec{B} \quad \Rightarrow \quad M = m_d B \operatorname{sen} \theta, \tag{8.53}$$

siendo θ el ángulo entre el momento magnético y el campo B, que es igual al ángulo que forma la espira con la horizontal. El equilibrio se alcanza cuando el momento de fuerzas magnético es compensado por el momento de fuerzas del peso, M_p, respecto del lado de la espira apoyado en la superficie.

$$M_p = mg \frac{a}{2} \operatorname{sen} \varphi, \tag{8.54}$$

siendo φ igual a $90° + \theta$, luego $\operatorname{sen} \varphi = \cos \theta$, y tenemos

$$\frac{mga}{2} \cos \theta = m_d B \operatorname{sen} \theta \quad \Rightarrow \quad B = \frac{mga}{2 m_d \tan \theta}. \tag{8.55}$$

Sustituyendo valores numéricos,

$$B = \frac{0{,}05 \cdot 9{,}8 \cdot 0{,}05}{2 \cdot 785{,}4 \cdot 10^{-6} \tan 80°} \quad \Rightarrow \quad \boxed{B = 2{,}8 \text{ T.}} \tag{8.56}$$

Problema 8.13

Tenemos una corriente rectilínea muy larga de intensidad I. A su izquierda colocamos de forma paralela una corriente rectilínea, también muy larga, de intensidad $I_1 = 465$ mA a una distancia de $d_1 = 9$ cm. A su derecha colocamos, también de forma paralela, otra corriente rectilínea muy larga de intensidad $I_2 = 447$ mA y a una distancia $d_2 = 27$ cm. La corriente I_1 tiene el mismo sentido que I_2. Comprobamos que un tramo de 42 cm de la corriente de intensidad I experimenta una fuerza de 36,6 nN hacia la izquierda. Calcule el valor de I y diga si su sentido coincide con el de las otras corrientes.

Solución:

Dos corrientes paralelas separadas una distancia d experimentan una fuerza atractiva o repulsiva por unidad de longitud:

$$\frac{F}{L} = \frac{II'}{2\pi d}, \tag{8.57}$$

que es atractiva cuando las corrientes tienen el mismo sentido y repulsiva cuando tienen sentido contrario.

En nuestro caso vamos a suponer que la corriente I tiene el mismo sentido que las otras corrientes. Esto hace que la fuerza que sufriría por interacción con I_1 apuntara hacia la izquierda. Por tanto, vamos a tomar como positivas las fuerzas que apunten hacia la izquierda. La fuerza de interacción con I_2 será negativa por ser también atractiva: la fuerza es hacia la derecha. Si la intensidad al calcularla sale negativa indica que su sentido real es contrario al de las otras corrientes.

Como la fuerza total es hacia la izquierda le damos signo positivo:

$$\frac{F}{L} = \frac{II_1}{2\pi d_1} - \frac{II_2}{2\pi d_2} = \frac{\mu_0 I}{2\pi}\left(\frac{I_1}{d_1} - \frac{I_2}{d_2}\right) \Rightarrow$$

$$\Rightarrow I = \frac{2\pi F}{\mu_0 L \left(\frac{I_1}{d_1} - \frac{I_2}{d_2}\right)} = \frac{2\pi \cdot 36{,}6 \cdot 10^{-9}}{4\pi \cdot 10^{-7} \cdot 42 \cdot 10^{-2} \left(\frac{465 \cdot 10^{-3}}{9 \cdot 10^{-2}} - \frac{447 \cdot 10^{-3}}{27 \cdot 10^{-2}}\right)}. \tag{8.58}$$

Realizando operaciones:

$$\boxed{I = 124 \text{ mA.}} \tag{8.59}$$

Por tener signo positivo tiene el mismo sentido que las otras corrientes.

Tema 9

Inducción magnética

Problema 9.1

Diga si es posible la existencia de un campo magnético dado por la expresión:

$$\vec{B} = 5x^2\vec{i} + 3zx\vec{j} + \cos(2\pi x)\vec{k}. \tag{9.1}$$

Solución:

Sabemos que la ley de Gauss del campo magnético en forma diferencial nos dice que

$$\vec{\nabla} \cdot \vec{B} = 0. \tag{9.2}$$

Si calculamos la divergencia del campo magnético del enunciado, tenemos

$$\frac{\partial}{\partial x}(5x^2) + \frac{\partial}{\partial y}(3zx) + \frac{\partial}{\partial z}(\cos(2\pi x)) = 10x \neq 0. \tag{9.3}$$

Por lo tanto, no puede existir un campo magnético como el del enunciado, ya que viola la ley de Gauss, expresión (9.2).

Problema 9.2

La siguiente expresión:

$$\vec{B} = -343z\vec{i} \ \mu T, \tag{9.4}$$

nos dice cuánto vale el campo magnético en una determinada región. ¿Qué campo eléctrico podría producirlo? ¿Y qué densidad de corriente eléctrica podría producirlo?

Solución:

Según la ley de Ampere-Maxwell

$$\vec{\nabla} \times \vec{B} = \mu_0 \vec{J} + \mu_0 \epsilon_0 \frac{\partial \vec{E}}{\partial t}. \tag{9.5}$$

Calculamos el rotacional de $\vec{B}$ y obtenemos:

$$\vec{\nabla} \times \vec{B} = \left(\frac{\partial B_z}{\partial y} - \frac{\partial B_y}{\partial z}\right)\vec{i} + \left(\frac{\partial B_x}{\partial z} - \frac{\partial B_z}{\partial x}\right)\vec{j} + \left(\frac{\partial B_y}{\partial x} - \frac{\partial B_x}{\partial y}\right)\vec{k}. \tag{9.6}$$

Como el campo magnético solo tiene componente x y esta solo depende de z tenemos:

$$\vec{\nabla} \times \vec{B} = \frac{\partial B_x}{\partial z}\vec{j} \;\Rightarrow\; \vec{\nabla} \times \vec{B} = \frac{\partial(-343 \cdot 10^{-6} z)}{\partial z}\vec{j} \;\Rightarrow\; \vec{\nabla} \times \vec{B} = -343 \cdot 10^{-6}\vec{j}. \tag{9.7}$$

Para que fuera producido por un campo eléctrico este tendría que verificar que:

$$-343 \cdot 10^{-6}\vec{j} = \mu_0 \epsilon_0 \frac{\partial \vec{E}}{\partial t} \;\Rightarrow\; \vec{E} = -\frac{343 \cdot 10^{-6} t}{\mu_0 \epsilon_0}\vec{j} \;\Rightarrow\; \boxed{\vec{E} = -30{,}9 \cdot 10^{12} t \vec{j} \text{ V/m}.} \tag{9.8}$$

Y para ser generado por una corriente tenemos que:

$$-343 \cdot 10^{-6}\vec{j} = \mu_0 \vec{J} \;\Rightarrow\; \vec{J} = -\frac{343 \cdot 10^{-6}}{\mu_0}\vec{j} \;\Rightarrow\; \boxed{\vec{J} = -273{,}0\vec{j} \text{ A/m}^2.} \tag{9.9}$$

Problema 9.3

Una espira conductora circular de radio r está en un campo magnético constante B. Si hacemos rotar esa espira respecto de un eje perpendicular al campo magnético con una velocidad angular ω y que pasa por el centro de la espira, calcule la f.e.m. inducida por este movimiento.

Solución:

El cálculo de la fuerza electromotriz (f.e.m) inducida, ε_{ind}, lo podemos obtener directamente de la expresión

$$\varepsilon_{\text{ind}} = -\frac{d\Phi}{dt}, \tag{9.10}$$

donde Φ es el flujo magnético que atraviesa la espira. En este caso, el flujo lo podemos escribir como

$$\Phi = \vec{B}\cdot\vec{S} = BS\cos\theta, \tag{9.11}$$

ya que es una espira plana y el campo magnético es constante sobre toda la espira. $\vec{S}$ es el vector que representa la superficie encerrada por la espira, cuyo módulo es $S = \pi r^2$, y θ es el ángulo que forma el campo magnético con el vector $\vec{S}$. Como la espira está girando alrededor de un eje perpendicular al campo magnético con una velocidad angular ω, el ángulo lo podemos escribir como $\theta = \omega t + \theta_0$, siendo θ_0 el ángulo a $t = 0$. Este último factor es intrascendente y lo podemos quitar simplemente escogiendo el instante inicial cuando $\theta = 0$.

$$\Phi = B\pi r^2 \cos\omega t \;\Rightarrow\; \varepsilon_{\text{ind}} = -B\pi r^2(-\omega\,\text{sen}\,\omega t) \;\Rightarrow\; \boxed{\varepsilon_{\text{ind}} = \pi r^2 B\omega\,\text{sen}\,\omega t.} \tag{9.12}$$

Problema 9.4

Calcule la f.e.m. inducida en la espira del problema 9.3 si, además de estar girando, el campo $\vec{B}$ tiene un módulo que cambia con el tiempo según la expresión $B = B_0\,\text{sen}\,(\omega t)$.

Solución:

Ahora, además, de variación de flujo por el giro de la espira tenemos un campo magnético que cambia con el tiempo.

$$\Phi = \vec{B}\cdot\vec{S} = B_0\,\text{sen}\,(\omega t)\,S\cos(\omega t). \tag{9.13}$$

Para obtener la f.e.m. inducida volvemos a aplicar la expresión (9.10):

$$\varepsilon_{\text{ind}} = -\frac{d}{dt}[B_0\,\text{sen}\,(\omega t)\,S\cos(\omega t)] \;\Rightarrow\; \varepsilon_{\text{ind}} = \pi r^2 \omega B_0\left(\text{sen}^2(\omega t) - \cos^2(\omega t)\right), \tag{9.14}$$

y haciendo uso de la identidad trigonométrica $\cos(2\theta) = \cos^2\theta - \text{sen}^2\theta$, obtenemos finalmente:

$$\boxed{\varepsilon_{\text{ind}} = -\pi r^2 \omega B_0 \cos(2\omega t).} \tag{9.15}$$

Problema 9.5

Tenemos un conductor, de resistencia despreciable, en forma de U en el seno de un campo magnético uniforme, como en la figura. Encima de él colocamos una barra conductora de resistencia R y la movemos hacia la derecha con una velocidad constante v. Calcule la f.e.m. y la corriente inducida, así como su sentido. Calcule también la fuerza que el campo magnético ejerce sobre la barra en movimiento, tanto su módulo como su dirección y sentido.

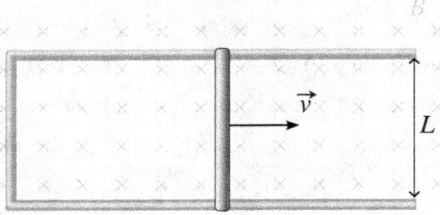

Solución:

Al moverse la barra hacia la derecha el flujo del campo magnético aumenta, por lo que la corriente inducida tendrá sentido contrario al de las agujas del reloj, de tal manera que produce un campo magnético que se opone al campo que hay presente para tratar de minimizar la variación, en este caso aumento, del flujo magnético que atraviesa la superficie encerrada por el circuito.

Podemos llegar al resultado anterior de forma más rigurosa y, además, obtener la f.e.m. y la corriente inducida de forma cuantitativa calculando el flujo, Φ, de manera explícita. Por ser el campo uniforme en toda la región y la superficie encerrada por el circuito una superficie plana podemos escribir

$$\Phi = \vec{B} \cdot \vec{S} = B \underbrace{Lx}_{S} \cos\theta = BLvt \cos\theta. \qquad (9.16)$$

$\vec{S}$ es el vector que representa a la superficie encerrada por el circuito. Un vector cuyo módulo es el área de la superficie, en este caso un módulo que varía con el tiempo, $S = Lx = Lvt$, cuya dirección es la recta normal a la superficie y cuyo sentido es, en principio, arbitrario: puede ser hacia dentro del papel o hacia nosotros. Escogemos el vector $\vec{S}$ con sentido hacia dentro del papel, el mismo que el sentido del campo magnético del problema. Esto hace que el ángulo θ sea cero y el flujo lo escribimos como

$$\Phi = BLvt. \qquad (9.17)$$

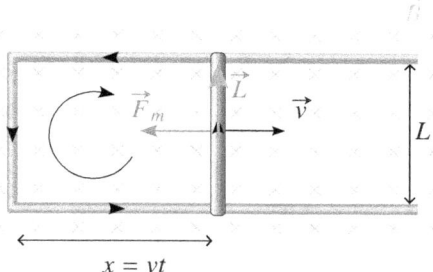

Al escoger ese sentido para el vector $\vec{S}$, el sentido de las corrientes positivas es el sentido de movimiento de las agujas del reloj, línea curva en el interior del circuito en la figura. Calculamos la f.e.m. inducida

$$\varepsilon_{ind} = -\frac{d\Phi}{dt} = -\frac{d}{dt}(BLvt) \quad \Rightarrow \quad \boxed{\varepsilon_{ind} = -BLv.} \qquad (9.18)$$

Y la corriente inducida, I_{ind}, la obtenemos usando la ley de Ohm

$$I_{ind} = \frac{\varepsilon_{ind}}{R} \quad \Rightarrow \quad \boxed{\varepsilon_{ind} = -\frac{Blv}{R}.} \qquad (9.19)$$

Que por ser negativa tiene sentido contrario al de las agujas del reloj, que es el que habíamos tomado como sentido positivo.

Tanto en este problema como en el problema 9.3 el campo magnético es constante en el tiempo y hemos usado la expresión (9.10) para el cálculo de la f.e.m. inducida. Si somos rigurosos, lo que mueve los electrones en el conductor tendría que ser un campo magnético variable en el tiempo, que crea una campo eléctrico, cosa que no ocurre aquí. En muchos casos, la expresión (9.10) es válida aunque el campo magnético no varíe en el tiempo, pero en otros no, como en los problemas 9.6 y 9.8. En problemas como este, en los que hay un conductor moviéndose en un campo magnético, la fuerza electromotriz inducida proviene de la fuerza magnética que empuja a la carga libre en el conductor. Esto es, tenemos una barra moviéndose hacia la derecha en este problema y con ella se mueve la carga libre también hacia la derecha a la misma velocidad. Sobre esta carga en movimiento aparece una fuerza magnética hacia arriba si la carga es positiva o hacia abajo si la carga es negativa. En ambos casos, sea la carga libre negativa o positiva, aparece una corriente inducida hacia arriba de la barra. La fuerza magnética sobre cada carga es

$$\vec{F} = e\vec{v} \times B \quad \Rightarrow \quad F = evB. \tag{9.20}$$

Ya que $\vec{B}$ y $\vec{v}$ son perpendiculares. Podemos pensar que esta fuerza está provocada por un 'campo eléctrico' efectivo, E_{efec}, actuando sobre la carga

$$F = eE_{\text{efec}} = evB \quad \Rightarrow \quad E_{\text{efec}} = vB. \tag{9.21}$$

Y con ello, la existencia de una diferencia de potencial, V, en la barra igual a

$$V = vBL \equiv \varepsilon_{\text{ind}}. \tag{9.22}$$

Donde hemos usado la expresión

$$V_0 - V_L = V = \int_0^L \vec{E} \cdot d\vec{r}, \tag{9.23}$$

que nos da $V = EL$ en este caso.

Nos queda calcular la fuerza magnética que aparece sobre la barra debido a la existencia de la corriente inducida. Para ello usamos la expresión

$$\vec{F}_m = I_{\text{ind}} \vec{L} \times \vec{B} \quad \Rightarrow \quad F_m = I_{\text{ind}} LB. \tag{9.24}$$

Ya que el vector que representa la corriente en la barra, $\vec{L}$, y el campo magnético $\vec{B}$ son perpendiculares. La dirección de la fuerza está en el plano del conductor, es perpendicular a la barra y su sentido es hacia la izquierda, ver figura, lo que hace que la barra se frene. Esto es, si queremos que la barra se mueva hacia la derecha a velocidad constante v deberíamos aplicar una fuerza perpendicular a la barra, pero hacia la derecha, de modo que la fuerza neta sobre la barra fuera cero.

Problema 9.6

Tenemos una espira conductora, de resistencia despreciable, en el seno de un campo magnético uniforme, como en la figura. Encima de él colocamos una barra conductora de resistencia R y la movemos hacia la derecha con una velocidad constante v. Calcule la f.e.m. y la corriente inducida, así como su sentido en cada parte del circuito.

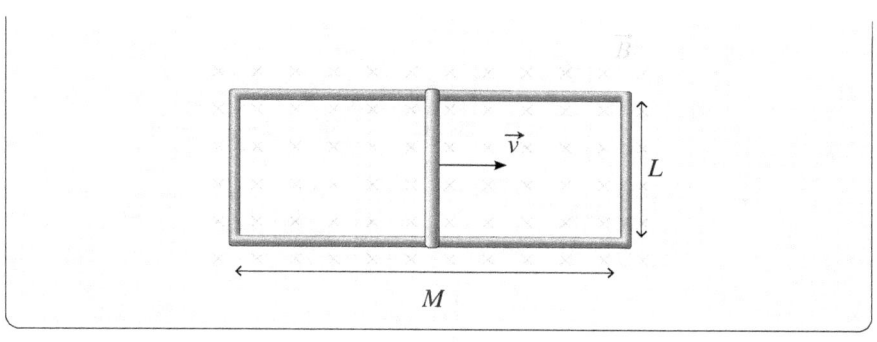

Solución:

En este problema podemos tratar de hacerlo de forma similar al problema 9.5, pero si calculamos la variación de flujo en los dos circuitos cerrados que forma la barra con la espira lo estaríamos haciéndo de forma incorrecta; nos saldría el doble de intensidad inducida de la que aparece en realidad. En la solución del problema 9.5 ya contamos que lo que realmente produce la fuerza electromotriz es la fuerza magnética sobre las cargas de la barra en movimiento, por lo que la solución a este problema es exactamente igual a la del problema 9.5. Esto es, calculamos la f.e.m. tras la obtención de la fuerza magnética que mueve la carga en la barra y atribuirla a la existencia de un campo eléctrico efectivo. También podríamos hacerlo por variación de flujo, pero solo tomando en consideración uno de los dos circuitos cerrados, cualquiera de los dos valdría.

Problema 9.7

Hacemos circular una corriente $I = 35\cos(180t)$ mA por una autoinducción de 100 mH. Obtenga la fuerza electromotriz inducida en función del tiempo.

Solución:

Sabemos que la fuerza electromotriz inducida, ε_{ind}, en una autoinducción viene dada por

$$\varepsilon_{\text{ind}} = -L\frac{dI}{dt}. \qquad (9.25)$$

L es el coeficiente de autoinducción es, en este caso, igual a 100 mH.

$$\varepsilon_{\text{ind}} = -135 \cdot 10^{-3}\frac{d}{dt}\left(35 \cdot 10^{-3}\cos(180t)\right) \Rightarrow \boxed{\varepsilon_{\text{ind}} = 4{,}7\operatorname{sen}(180t) \text{ mA.}} \qquad (9.26)$$

Problema 9.8

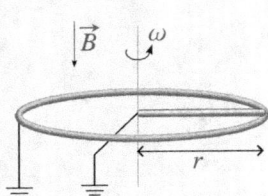

Una barra conductora de longitud r y resistencia R la hacemos girar con velocidad angular ω respecto de un eje perpendicular a ella y que pasa por uno de sus extremos. A su vez, esta barra tiene el otro extremo apoyado sobre una espira conductora circular de radio r y de resistencia despreciable, ver figura. En esa región hay un campo magnético uniforme cuya dirección coincide con el eje de giro de la barra. La espira conductora y el extremo fijo de la barra están conectadas a tierra. Calcule la intensidad inducida que circula por la barra.

Solución:

En este problema no tenemos un circuito cerrado claro sobre el que calcular una variación de flujo, pero aun así tenemos que se induce una f.e.m. en la barra en movimiento que hace pasar por ella una corriente. Tal y como contamos en la solución del problema 9.5, aquí tenemos que la f.e.m. inducida se produce por la fuerza magnética, $\vec{F}_m$, que ejerce el campo magnético sobre la carga libre de la barra en movimiento. Esta fuerza viene dada por la expresión

$$\vec{F}_m = e\vec{v} \times \vec{B}. \tag{9.27}$$

En este problema, la barra está girando respecto de un eje perpendicular a ella y que pasa por uno de sus extremos. Cada punto de la barra está describiendo un movimiento circular de radio x, donde x es la distancia de ese punto al extremo de la barra por la que pasa el eje de rotación. La velocidad de cada punto de la barra es, entonces, igual a $v(x) = \omega x$. Como el campo magnético es paralelo al eje de rotación, el ángulo que forma el vector velocidad de cada punto de la barra y el campo magnético es de 90°. Por lo tanto, el módulo de la fuerza magnética es

$$F_m = e\omega x B = eE_{\text{efec}} \quad \Rightarrow \quad E_{\text{efec}} = \omega x B. \tag{9.28}$$

Para calcular la f.e.m., que es una diferencia de potencial producida por el campo eléctrico efectivo, E_{efec}, sobre toda la barra usamos la expresión

$$V_0 - V_r = \int_0^r E_{\text{efec}} dx = \int_0^r \omega x B \, dx = \omega B \int_0^r x \, dx \quad \Rightarrow \quad V_0 - V_r = \frac{1}{2}\omega B r^2. \tag{9.29}$$

Una vez obtenida la f.e.m. inducida, calculamos la corriente inducida, I_{ind}, que pasa por la barra usando la ley de Ohm

$$I_{\text{ind}} = \frac{V_0 - V_r}{R} \quad \Rightarrow \quad \boxed{I_{\text{ind}} = \frac{\omega B r^2}{2R}}. \tag{9.30}$$

Problema 9.9

El campo magnético en el interior de una bobina toroidal viene dado, de forma aproximada, por

$$B \approx \frac{\mu_0 N I}{2\pi r_m}, \tag{9.31}$$

donde r_m es el radio medio de la bobina, I es la intensidad de corriente que circula por ella y N es el número de espiras. Calcule el coeficiente de autoinducción.

Solución:

Para este cálculo usamos la definición de coeficiente de autoinducción, L, como el coeficiente de proporcionalidad entre el flujo magnético en el circuito, Φ, y la corriente, I que circula por él:

$$\Phi = LI. \tag{9.32}$$

El flujo en el circuito lo podemos calcular como el flujo sobre cada espira, Φ_1, por el número N de espiras. El campo magnético es perpendicular a la superficie encerrada por cada espira,

$$\Phi_1 = \vec{B} \cdot \vec{S} = BS \quad \Rightarrow \quad \Phi_1 = \frac{\mu_0 N I S}{2\pi r_m}, \tag{9.33}$$

donde S es el área de la sección del toroide. El flujo total queda como

$$\Phi = \frac{\mu_0 N I S}{2\pi r_m} N = \underbrace{\frac{\mu_0 N^2 S}{2\pi r_m}}_{L} I \quad \Rightarrow \quad \boxed{L = \frac{\mu_0 N^2 S}{2\pi r_m}}. \tag{9.34}$$

Problema 9.10

En una región del espacio hay un campo eléctrico dado por la siguiente expresión $\vec{E} = E_0 \,\text{sen}\,(\omega t - ky)\,\vec{k}$. ¿Qué forma tiene el campo magnético en esa misma región? ¿Qué relación hay entre las amplitudes del campo eléctrico y del campo magnético?

Solución:

Usando la expresión

$$\vec{\nabla} \times \vec{E} = -\frac{\partial \vec{B}}{\partial t}, \tag{9.35}$$

calculamos una primera relación

$$\begin{vmatrix} \vec{i} & \vec{j} & \vec{k} \\ \frac{\partial}{\partial x} & \frac{\partial}{\partial y} & \frac{\partial}{\partial z} \\ 0 & 0 & E_0 \,\text{sen}\,(\omega t - ky) \end{vmatrix} = -kE_0 \cos(\omega t - ky)\,\vec{i}, \tag{9.36}$$

que nos dice que el campo magnético solo tiene componente x. Además, comprobamos que si el campo magnético es de la forma

$$B_x = B_0 \,\text{sen}\,(\omega t - ky) \quad \Rightarrow \quad \frac{\partial B}{\partial x} = \omega B_0 \cos(\omega t - ky). \tag{9.37}$$

Que verifica la expresión (9.35) si

$$B_0 \omega = kE_0 \quad \Rightarrow \quad B_0 = \frac{k}{\omega} E_0, \tag{9.38}$$

Por lo que podemos escribir el campo magnético como

$$\boxed{\vec{B} = B_0 \,\text{sen}\,(\omega t - ky)\,\vec{i}.} \tag{9.39}$$

La velocidad de propagación de una onda es ω/k y tenemos, por tanto, que la relación entre las amplitudes es

$$\boxed{B_0 = \frac{E_0}{c},} \tag{9.40}$$

donde $c = \omega/k$ es la velocidad de propagación de las ondas electromagnéticas, cuyo valor es $c = 300.000$ km/s.

Problema 9.11

Hacemos girar una espira conductora circular de radio r y de resistencia R alrededor de un eje perpendicular a un campo magnético B. Obtenga una expresión que nos diga el momento de fuerzas que tenemos que ejercer para que la espira gire con velocidad angular constante.

Solución:

En el problema 9.3 vimos que cuando una espira gira en un campo magnético alrededor de un eje perpendicular a este aparece una f.e.m. inducida, ε_{ind}, dada por la expresión

$$\varepsilon_{\text{ind}} = \pi r^2 B\omega \operatorname{sen} \omega t. \tag{9.41}$$

Como la espira tiene una resistencia R, aparece una corriente inducida, I_{ind}, dada por la ley de Ohm,

$$I_{\text{ind}} = \frac{\varepsilon_{\text{ind}}}{R} \quad \Rightarrow \quad I_{\text{ind}} = \frac{\pi r^2 B\omega}{R} \operatorname{sen} \omega t. \tag{9.42}$$

La espira es un dipolo magnético cuyo momento dipolar, m, es

$$m = I_{\text{ind}} S = I_{\text{ind}} \pi r^2 \quad \Rightarrow \quad m = \frac{\pi^2 r^4 B\omega}{R} \operatorname{sen} \omega t. \tag{9.43}$$

Este vector momento dipolar magnético es perpendicular a la superficie encerrada por la espira, por lo que forma un ángulo, θ, con el campo magnético en el instante t dado por $\theta = \omega t$. El momento de fuerzas magnético, $\vec{M}$, sobre la espira lo calculamos usando la expresión

$$\vec{M} = \vec{m} \times \vec{B} \quad \Rightarrow \quad M = mB \operatorname{sen} \omega t. \tag{9.44}$$

Este momento de fuerzas trata de detener el movimiento de rotación de la espira, por lo que para que la espira gire con velocidad constante tenemos que aplicar un momento igual a M, pero de sentido contrario, $\vec{M}_a = -\vec{M}$. El módulo del momento a aplicar es el mismo del momento de fuerzas magnético y lo obtenemos de la expresión (9.44),

$$M_a = \underbrace{\frac{\pi^2 r^4 B\omega}{R} \operatorname{sen}(\omega t)}_{m} B \operatorname{sen}(\omega t) \quad \Rightarrow \quad \boxed{M_a = \frac{\pi^2 r^4 B^2 \omega}{R} \operatorname{sen}^2(\omega t).} \tag{9.45}$$

Problema 9.12

Tenemos un solenoide de longitud $L_1 = 0{,}1$ m, radio $r_1 = 0{,}3$ m y $N_1 = 500$ vueltas y un circuito rectangular plano con lados $a = 3$ cm y $b = 4$ cm, colocado dentro del solenoide perpendicular al eje del solenoide. Suponiendo que el campo magnético generado por el solenoide es uniforme en su interior y despreciable en el exterior, calcula el coeficiente de inducción mutua M entre los dos circuitos.

Solución:

El coeficiente de inducción mutua M entre dos circuitos se puede calcular utilizando la definición de M basada en el flujo magnético Φ que pasa a través del segundo circuito debido a la corriente I en el primero:

$$M = \frac{\Phi}{I} \tag{9.46}$$

El flujo magnético Φ a través del circuito rectangular debido al campo magnético generado por el solenoide es:

$$\Phi = B \cdot A_{\text{efectiva}} \tag{9.47}$$

donde B es el campo magnético en el interior del solenoide y A_{efectiva} es el área efectiva del circuito rectangular que intercepta el flujo magnético. B para un solenoide se calcula como:

$$B = \mu_0 \frac{N_1 I}{L_1} \tag{9.48}$$

La área efectiva A_{efectiva} es igual al área del circuito rectangular, ya que se asume que está completamente dentro del solenoide:

$$A_{\text{efectiva}} = a \cdot b \tag{9.49}$$

Sustituyendo estas expresiones en la fórmula de Φ y luego en M, obtenemos:

$$M = \frac{\mu_0 \cdot N_1 \cdot a \cdot b}{L_1} = \frac{4\pi \cdot 10^{-7} \cdot 500 \cdot 0{,}03 \cdot 0{,}04}{0{,}1} \Rightarrow \boxed{M = 15 \cdot 10^{-9} \text{ H} = 15 \text{ nH}.}$$
(9.50)

Problema 9.13

En una región cúbica de 30 cm de arista hemos creado un campo magnético de 100 mT. Calcule la energía magnética acumulada.

Solución:

La densidad de energía magnética, ρ_m, viene dada por la expresión

$$\rho_m = \frac{1}{2}\vec{B} \cdot \vec{H}. \tag{9.51}$$

En el vacío la intensidad magnética, $\vec{H}$, la podemos escribir como

$$\vec{H} = \frac{1}{\mu_0}\vec{B}, \tag{9.52}$$

por lo que la densidad de energía magnética queda como

$$\rho_m = \frac{B^2}{2\mu_0}. \tag{9.53}$$

Como el campo magnético es constante en toda la región, la energía total acumulada U es, simplemente, el producto del volumen de la región por la densidad de energía magnética.

$$U = \rho_m \text{Vol} = \frac{B^2}{2\mu_0}\text{Vol} = \frac{(100 \cdot 10^{-3})^2}{2 \cdot 4\pi \cdot 10^{-7}}(0{,}3)^3 \Rightarrow \boxed{U = 107{,}4 \text{ J}.} \tag{9.54}$$

Problema 9.14

Una espira conductora cuadrada de lado $a = 12$ cm está fijada en el plano xy de tal manera que su centro coincide con el origen de un sistema de coordenadas dextrógiro. Aplicamos un campo magnético de la forma $\vec{B}_1 = 285\cos(40t)\vec{k}$ mT, para puntos con $x > 0$ y un campo magnético $\vec{B}_2 = 343\cos(51t)\vec{k}$ mT, para puntos con $x < 0$. Si la espira tiene una resistencia $R = 9\ \Omega$ calcule la fuerza electromotriz y la corriente inducida. Indique cuál es el sentido de la corriente según que ésta sea positiva o negativa justificando su respuesta.

Solución:

El flujo del campo magnético que atraviesa la espira lo podemos escribir como la suma del flujo de la parte con x negativo más el flujo que atraviesa la parte con x positivo:

$$\Phi = \Phi_+ + \Phi_- = \vec{B}_1 \cdot \vec{S}_1 + \vec{B}_2 \cdot \vec{S}_2 = B_1\frac{a^2}{2} + B_2\frac{a^2}{2}, \qquad (9.55)$$

ya que el área de cada parte es $S_1 = S_2 = a \cdot \frac{a}{2} = \frac{a^2}{2}$. Al escribir el flujo de la forma anterior hemos asignado a los vectores $\vec{S}_1$ y $\vec{S}_2$ el mismo sentido que el del vector $\vec{k}$, por lo que, si nos colocamos mirando el sistema con el eje z apuntando hacia nosotros, el sentido de las corrientes positivas sería el sentido contrario al del movimiento de las agujas del reloj, ya que ese es el sentido que tendría que tener una corriente para producir un campo magnético con el mismo sentido que los vectores $\vec{S}_1$ y $\vec{S}_2$.

Para calcular la fuerza electromotriz inducida:

$$\varepsilon_{\text{ind}} = -\frac{d\Phi}{dt} = -\frac{d\Phi_+}{dt} - \frac{d\Phi_-}{dt}. \qquad (9.56)$$

Sustituyendo,

$$\varepsilon_{\text{ind}} = 285 \cdot 10^{-3} \cdot 40 \operatorname{sen}(40t)\frac{0{,}12^2}{2} + 343 \cdot 10^{-3} \cdot 51 \operatorname{sen}(51t)\frac{0{,}12^2}{2}. \qquad (9.57)$$

Y tenemos que:

$$\boxed{\varepsilon_{\text{ind}} = 82{,}1 \operatorname{sen} 40t + 125{,}9 \operatorname{sen} 51t \text{ mV}.} \qquad (9.58)$$

Dividiendo por la resistencia $R = 9\ \Omega$, obtendríamos la intensidad inducida:

$$I_{\text{ind}} = \frac{\varepsilon_{\text{ind}}}{R} \quad \Rightarrow \quad \boxed{I_{\text{ind}} = 9{,}1 \operatorname{sen} 40t + 14 \operatorname{sen} 51t \text{ mA}.} \qquad (9.59)$$

Tema 10

Magnetismo en la materia

Problema 10.1

Calcule el campo magnético en una barra cilíndrica con una imantación, $\vec{M}$, constante en toda ella, paralela al eje de la barra y en ausencia de corrientes libres. Calcule también las corrientes moleculares.

Solución:

Partiendo de la relación entre campos

$$\vec{B} = \mu_0 \left(\vec{H} + \vec{M} \right), \qquad (10.1)$$

siendo $\vec{B}$ el campo magnético, $\vec{H}$ la intensidad magnética y $\vec{M}$ la imantación.

Sabemos que el rotacional y la divergencia de intensidad magnética son

$$\vec{\nabla} \times \vec{H} = \vec{J}_f \quad \text{y} \quad \vec{\nabla} \cdot \vec{H} = -\vec{\nabla} \cdot \vec{M}. \qquad (10.2)$$

$\vec{J}_f$ es la densidad de corriente libre. El teorema de Helmholtz nos dice que el rotacional y la divergencia de un campo vectorial son sus fuentes, lo que crea ese campo. En ausencia de corrientes libres y cuando la imantación es constante en toda una región, no hay fuentes de ese campo, por lo que la intensidad magnética, $\vec{H}$, es cero y tenemos

$$\boxed{\vec{B} = \mu_0 \vec{M}.} \qquad (10.3)$$

Sabemos que las corrientes moleculares están relacionadas con la imantación por medio de las expresiones

$$\vec{J}_{mol} = \vec{\nabla} \times \vec{M} \quad y \quad \vec{K}_{mol} = \vec{M} \times \hat{n}. \tag{10.4}$$

La densidad de corriente molecular $\vec{J}_{mol}$ es cero debido a que $\vec{M}$ no cambia de punto a punto y el rotacional es una combinación lineal de derivadas espaciales. Por otro lado, la densidad superficial de corriente molecular en las caras del material, K_{mol}, la tenemos que multiplicar por $\hat{n}$, que es un vector unitario normal a la cara del material y cuyo sentido es hacia fuera de él. Por ser una barra cilíndrica con una imantación paralela al eje, tenemos, entonces, que $\vec{M}$ y $\hat{n}$ son perpendiculares y nos queda

$$\boxed{K_{mol} = M.} \tag{10.5}$$

Problema 10.2

Un bloque de bismuto tiene una susceptibilidad magnética de $\chi_m = -1{,}66 \cdot 10^{-4}$. Este bloque se coloca en una región donde hay una intensidad magnética uniforme $\vec{H} = 800$ A/m. Calcula la magnetización del bloque de bismuto.

Solución:

Para calcular la magnetización $\vec{M}$ del bloque de bismuto, simplemente sustituimos los valores dados en la relación $\vec{M} = \chi_m \vec{H}$, pero donde solo nos preocupamos del módulo del vector:

$$M = \chi_m H = -1{,}66 \cdot 10^{-4} \cdot 800 \quad \Rightarrow \quad \boxed{M = -0{,}1328 \text{ A/m}.} \tag{10.6}$$

El signo negativo de la susceptibilidad y, por tanto, el de la magnetización nos indica que los dipolos magnéticos se alinean antiparalelos al campo.

Problema 10.3

Considera un solenoide largo de longitud $L = 1{,}0$ m, con $N = 1000$ vueltas, que lleva una corriente $I = 2{,}0$ A. El solenoide está relleno con un material diamagnético que tiene una susceptibilidad magnética $\chi_m = -5{,}0 \cdot 10^{-5}$. Encuentra el campo magnético total $\vec{B}_{total}$ dentro del solenoide, teniendo en cuenta tanto el campo magnético debido a la corriente en el solenoide como la contribución del material diamagnético.

Solución:

El campo magnético $\vec{B}_{ext}$ en el interior de un solenoide ideal en vacío se calcula como:

$$\vec{B}_{ext} = \mu_0 \cdot \frac{N \cdot I}{L} \quad (10.7)$$

donde $\mu_0 = 4\pi \cdot 10^{-7}$ H/m es la permeabilidad del vacío, N es el número de vueltas, I es la corriente, y L es la longitud del solenoide.

La magnetización $\vec{M}$ del material diamagnético en respuesta al campo magnético $\vec{H}$, que es igual a $\vec{B}_{ext}/\mu_0$ dentro del solenoide, se calcula como:

$$\vec{M} = \chi_m \vec{H} = \chi_m \frac{\vec{B}_{ext}}{\mu_0} \quad (10.8)$$

El campo magnético total $\vec{B}_{total}$ dentro del solenoide es la suma del campo magnético creado por el solenoide y el campo magnético inducido por la magnetización del material diamagnético:

$$\vec{B}_{total} = \vec{B}_{ext} + \mu_0 \vec{M} \quad (10.9)$$

Sustituyendo la expresión para $\vec{M}$ en la fórmula de $\vec{B}_{total}$, tenemos:

$$\vec{B}_{total} = \vec{B}_{ext} + \mu_0 \chi_m \frac{\vec{B}_{ext}}{\mu_0} = \vec{B}_{ext}(1 + \chi_m) \quad (10.10)$$

Ahora, calculamos $\vec{B}_{ext}$ usando los valores dados y usamos este resultado para encontrar $\vec{B}_{total}$.

El campo magnético $\vec{B}_{ext}$ dentro del solenoide en vacío es

$$\boxed{B_{total} = 2{,}51 \text{ mT.}} \quad (10.11)$$

Si definimos la permeabilidad magnética del material como $\mu = \mu_0(1 + \chi_m)$, tenemos que podemos calcular directamente el campo total como

$$B_{\text{total}} = \mu H. \qquad (10.12)$$

Problema 10.4

Por una bobina solenoidal con 50 vueltas/cm circula una corriente de 100 mA. Introducimos en la bobina un material que tiene una susceptibilidad magnética $\chi_m = 3 \cdot 10^{-4}$. ¿Cuánto vale el campo magnético en el interior? ¿El material es paramagnético o diamagnético?

Solución:

Al ser la susceptibilidad magnética positiva ya podemos afirmar que se trata de un material paramagnético. El campo magnético que habría en el interior de la bobina en ausencia de material, B_{ext}, lo obtenemos con

$$B_{\text{ext}} = \mu_0 n I = 4\pi \cdot 10^{-7} \cdot 5000 \cdot 0,1 \quad \Rightarrow \quad B_{\text{ext}} = 628{,}319 \ \mu\text{T}. \qquad (10.13)$$

Donde hemos expresado n en vueltas/m, $n=50$ vueltas/cm o $n=5000$ vueltas/m. Las susceptibilidades de los materiales paramagnéticos y diamagnéticos suelen tener un valor absoluto muy pequeño, como en el caso de este problema. Eso hace que la variación del campo magnético sea muy pequeña, por eso en (10.13) hemos dejado tantos decimales. El nuevo campo ahora sería

$$B = \mu_0 (H + M) = B_{\text{ext}} + \chi_m \mu_0 H = (1 + \chi_m) B_{\text{ext}}. \qquad (10.14)$$

En lo anterior hemos usado $M = \chi_m H$, que se verifica en los materiales homogéneos, isótropos y lineales, y $B_{\text{ext}} = \mu_0 H$. Usando los valores numericos

$$B = \left(1 + 3 \cdot 10^{-4}\right) \cdot 628{,}319 \quad \Rightarrow \quad \boxed{B = 628{,}\mathbf{381} \ \mu\text{T}.} \qquad (10.15)$$

Hemos puesto en letra negrita donde se produce la variación del campo magnético respecto del campo cuando no hay material.

Problema 10.5

Introducimos un solenoide por el que circula una corriente de intensidad I en el interior de un líquido y vemos que el campo magnético decae un $3 \cdot 10^{-3}$ %. ¿Cuánto vale la susceptibilidad magnética de ese líquido? ¿Qué tipo de material magnético es?

Solución:

Por decaer el campo magnético podemos asegurar que es un material diamagnético. El enunciado nos dice que

$$B = B_{\text{ext}} - \frac{10^{-3}}{100} B_{\text{ext}} \quad \Rightarrow \quad B = \left(1 - 10^{-5}\right) B_{\text{ext}}, \tag{10.16}$$

donde B_{ext} es el campo magnético en el solenoide antes de introducirlo en el líquido magnético. Por otro lado, sabemos que

$$B = \mu_r B_{\text{ext}} \quad \Rightarrow \quad B = (1 + \chi_m) B_{\text{ext}}, \tag{10.17}$$

donde μ_r es la permeabilidad magnética relativa, igual a $1 + \chi_m$, siendo χ_m la susceptibilidad magnética del material. Comparando (10.16) con (10.17) llegamos a la conclusión de que la susceptibilidad magnética del material es

$$\boxed{\chi_m = -10^{-5}.} \tag{10.18}$$

Problema 10.6

En un solenoide tenemos un núcleo de hierro. Por este solenoide, que tiene 500 espiras y una longitud de 2 cm, circula una corriente de 100 mA. En el interior del núcleo medimos un campo magnético de 100 mT. ¿Qué valor tiene la intensidad magnética H? ¿Cuánto vale la imantación en el material? ¿Qué valor tiene de permeabilidad relativa en este caso?

Solución:

La intensidad magnética, H, en el interior de un solenoide es

$$H = nI = \frac{N}{l} I, \tag{10.19}$$

donde N es el número de espiras y l la longitud del solenoide.

$$H = \frac{500}{0{,}02} 100 \cdot 10^{-3} \quad \Rightarrow \quad \boxed{H = 2500 \text{ A/m.}} \tag{10.20}$$

La imantación la podemos calcular una vez que tenemos la intensidad magnética

$$B = \mu_0(H + M) \Rightarrow$$

$$\Rightarrow M = \frac{B}{\mu_0} - H = \frac{100 \cdot 10^{-3}}{4\pi \cdot 10^{-7}} - 2500 \Rightarrow \boxed{M = 77{,}1 \cdot 10^3 \text{ A/m.}} \quad (10.21)$$

La permeabilidad relativa, μ_r, del núcleo de hierro en esta situación lo sacamos a partir de

$$B = \mu_r B_{\text{ext}} \Rightarrow \mu_r = \frac{B}{B_{\text{ext}}}. \quad (10.22)$$

Calculamos el campo magnético B_{ext}, que es el que tendríamos en el solenoide en ausencia del núcleo de hierro.

$$B_{\text{ext}} = \mu_0 \frac{N}{l} I = \mu_0 H = 4\pi \cdot 10^{-7} 2500 \Rightarrow B_{\text{ext}} = 3{,}14 \cdot 10^{-3} \text{ T.} \quad (10.23)$$

La permeabilidad relativa es, por tanto,

$$\mu_r = \frac{100 \cdot 10^{-3}}{3{,}14 \cdot 10^{-3}} \Rightarrow \boxed{\mu_r = 31{,}8.} \quad (10.24)$$

Problema 10.7

En una autoinducción con un coeficiente $L = 500$ mH introducimos un material ferromagnético imantado de tal manera que podemos considerar que tiene una permeabilidad magnética relativa $\mu_r = 300$. ¿Cuanto vale el coeficiente de autoinducción ahora?

Solución:

Partiendo de la definición de coeficiente de autoinducción de un circuito como la constante de proporcionalidad entre flujo magnético e intensidad:

$$\Phi = LI, \quad (10.25)$$

y teniendo en cuenta que el flujo en la autoinducción es

$$\Phi = NSB = NS\mu_r B_{\text{ext}} = \mu_r \Phi_0, \quad (10.26)$$

siendo Φ_0 el flujo en la autoinducción en ausencia de material en el interior. Si llamamos L_0 al coeficiente de autoinducción antes de introducir el núcleo de hierro,

$$\Phi_0 = L_0 I \Rightarrow \Phi = \mu_r \underbrace{L_0 I}_{\Phi_0} \Rightarrow L = \mu_r L_0. \quad (10.27)$$

Para el caso particular del enunciado tenemos

$$L = 300 \cdot 500 \cdot 10^{-3} \quad \Rightarrow \quad \boxed{L = 150 \text{ H.}} \qquad (10.28)$$

Problema 10.8

Tenemos una corriente infinita en el interior de un material HIL de permeabilidad magnética μ. ¿Cuál es el valor del campo magnético a su alrededor en función de la distancia de los puntos a la corriente?

Solución:

Esta corriente situada en el vacío produciría un campo magnético cuyo módulo en un punto situado a una distancia r valdría

$$B_{\text{ext}} = \frac{\mu_0 I}{2\pi r} \qquad (10.29)$$

Al colocar esta corriente dentro de un material HIL el módulo del campo magnético en puntos situados a una distancia r de la corriente, como no hemos variado la corriente libre, valdría

$$B = \mu_r B_{\text{ext}} = \frac{\mu}{\mu_0}\frac{\mu_0 I}{2\pi r} \quad \Rightarrow \quad \boxed{B = \frac{\mu I}{2\pi r}.} \qquad (10.30)$$

Problema 10.9

Introducimos un núcleo de hierro en el interior de una bobina solenoidal que tiene 50 espiras por centímetro y por la que circula una corriente de 100 mA. Al hacer esto, el campo magnético en el interior de la bobina aumenta en un 50 %. ¿Cuánto vale la imantación de ese núcleo?

Solución:

Sabemos que el campo magnético lo podemos expresar como

$$B = \mu_0 (H + M) = \mu_0 H + \mu_0 M = B_{\text{ext}} + \mu_0 M. \qquad (10.31)$$

Donde $B_{\text{ext}} = \mu_0 n I$ es el campo magnético creado por la corriente libre, esto es, el campo magnético que había en el interior de la bobina antes de introducir el núcleo de hierro. El enunciado nos dice que $B = 1,5 B_{ext}$, por lo que podemos expresar la imantación, M, como

$$1,5 B_{ext} = B_{ext} + \mu_0 M \quad \Rightarrow \quad M = \frac{0,5 \cancel{\mu_0} n I}{\cancel{\mu_0}} = 0,5 \cdot 5000 \cdot 100 \cdot 10^{-3}$$
$$\Rightarrow \quad \boxed{M = 250 \text{ A/m}.} \tag{10.32}$$

Problema 10.10

Tenemos un núcleo de hierro en el interior de un solenoide por el que circula una corriente eléctrica de intensidad $I = 68,3$ mA. La magnetización que tiene ese núcleo de hierro es $M = 7 \cdot 10^5$ C/m^2 y el campo magnético en su interior es $B = 0,88$ T. ¿Cuál es el número de espiras por unidad de longitud del solenoide?

Solución:

La relación entre el campo magnético, la magnetización y la intensidad magnética nos permite resolver el problema:

$$B = \mu_0 (H + M), \tag{10.33}$$

donde H es la intensidad magnética y, para el caso del solenoide, es $H = nI$, siendo n el número de espiras por unidad de longitud.

$$B = \mu_0 (nI + M) \quad \Rightarrow \quad n = \frac{B - \mu_0 M}{\mu_0} = \frac{0,88 - 4 \cdot 10^{-7} \cdot 7 \cdot 10^5}{4 \cdot 10^{-7}}, \tag{10.34}$$

que tras hacer el cálculo numérico queda

$$\boxed{n = 550 \text{ espiras/m}.} \tag{10.35}$$

Problema 10.11

Para crear un determinado campo magnético uniforme B en una región del espacio vacío hemos necesitado emplear una energía $E_0 = 1033$ J. Si para crear ese mismo campo en esa misma región, pero llena de un determinado material magnético, hemos necesitado una energía $E_m = 9,22$ J, ¿cuánto vale la permeabilidad magnética relativa de ese material? Si empleáramos una energía para crear el campo magnético en esa región, pero en el vacío, ¿en qué factor se modicaría B?

Solución:

La densidad de energía magnética nos la da la expresión $\rho_m = 1/2\vec{B} \cdot \vec{H}$, donde la intensidad magnética la podemos escribir como $\vec{H} = \mu\vec{B}$, siendo μ la permeabilidad magnética del material, si estamos en el vacío $\mu = \mu_0$. Por lo tanto, la densidad de energía magnética queda como $\rho_m = 1/2B^2/\mu$. Cuando el campo es uniforme en una región, la energía necesaria para crear ese campo es $E = \rho_m \cdot v$, donde v es el volumen de la región. En el vacío:

$$E_0 = \frac{1}{2}\frac{B^2}{\mu_0}v \Rightarrow E_0\mu_0 = \frac{1}{2}B^2 v. \tag{10.36}$$

Y en el material magnético:

$$E_m = \frac{1}{2}\frac{B^2}{\mu}v \Rightarrow E_m\mu = \frac{1}{2}B^2 v. \tag{10.37}$$

Al ser v y B iguales en ambos casos:

$$E_0\mu_0 = E_m\mu \Rightarrow \frac{E_0}{E_m} = \frac{\mu}{\mu_0} = \mu_r \Rightarrow \boxed{\mu_r = \frac{E_0}{E_m} = 112.} \tag{10.38}$$

Al ser una permeabilidad tan alta solo puede ser un ferromagnético.

Si gastamos la misma energía en el vacío, el campo B' creado sería un factor $\sqrt{\mu_r}$ mas pequeño:

$$B' = \frac{B}{10,6}. \tag{10.39}$$

Problema 10.12

A una distancia $d = 20$ cm de una corriente eléctrica rectilínea indefinida medimos una intensidad magnética de 8,9372 A/m y un campo magnético de 11,287 μT producidos por la corriente. ¿Cuánto vale la intensidad de esa corriente? ¿Y la susceptibilidad magnética del medio? ¿Qué tipo de material magnético es?

Solución:

El campo magnético que crea una corriente eléctrica rectilínea e indefinida de intensidad I en el vacío a una distancia d lo calculamos por medio de:

$$B_{\text{ext}} = \frac{\mu_0 I}{2\pi d}. \tag{10.40}$$

En el vacío tenemos la relación $B_{ext} = \mu_0 H$, luego:

$$H = \frac{I}{2\pi d} \Rightarrow I = H2\pi d = 8{,}9372 \cdot 2\pi \cdot 0{,}2 = 11{,}23 \text{ A}. \qquad (10.41)$$

La relación entre H y B nos permite calcular al susceptibilidad χ_m:

$$B = \mu H = \mu_0 (1 + \chi_m) H \Rightarrow \chi_m = \frac{B}{\mu_0 H} - 1 \Rightarrow \boxed{\chi_m = 5 \cdot 10^{-3}.} \qquad (10.42)$$

Al ser la susceptibilidad magnética positiva se trata de un material paramagnético.

Sobre el autor:

Antonio Pérez Garrido (Murcia, 1968) es Catedrático de Universidad e investigador principal del grupo de I+D en Astrofísica de la Universidad Politécnica de Cartagena (UPCT). Desde hace más de veinte años, es responsable de las asignaturas del área de Física Aplicada en la Escuela Superior de Ingeniería de Telecomunicaciones de dicha universidad, donde también ha sido director del departamento de Física Aplicada y Tecnología Naval durante nueve años.

Como investigador cuenta con más de un centenar de publicaciones científicas internacionales, sobre todo en el campo de la Astrofísica, destacando su participación en el descubrimiento de diversos planetas extrasolares y en el desarrollo de instrumentos astronómicos. Ha dirigido más de una decena de proyectos de investigación y ha pertenecido a comités científicos reseñables, como el Comité Asesor de la Comisión Nacional Evaluadora de la Actividad Investigadora y el Comité de Asignación de Tiempos de los telescopios de Canarias. Es, además, miembro de varias sociedades científicas, como la Unión Astronómica Internacional, la Real Sociedad de Física de Española y la American Physical Society, entre otras.

www.ingramcontent.com/pod-product-compliance
Lightning Source LLC
Chambersburg PA
CBHW071826210526
45479CB00001B/19